图 1-1

图 1-2

图 1-3

图 1-4

图 1-5

图 1-6

图 1-7

图 1-8

图 1-9

图 1-10

图 1-11

图 1-12

图 3-1

图 3-2

图 7-1

图 8-1

图 8-2

图 8-3

图 8-4

图 8-5

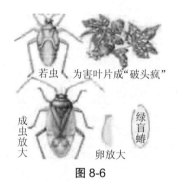

若虫　　为害叶片成"破头疯"

成虫放大　　卵放大　　绿盲蝽

图 8-6

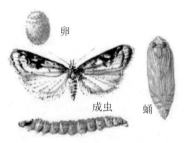

卵　　成虫　　蛹

图 8-7

图 8-8

图 8-9

图 8-10

图 9-1

枣树无公害
生产管理技术

Production Management Technologies
for Pollution-free Ziziphus Jujube

王芝学　主编

马恩凤　胡忠惠　编者

天津出版传媒集团

天津科技翻译出版有限公司

图书在版编目(CIP)数据

枣树无公害生产管理技术 / 王芝学主编 . — 天津 : 天津科技翻译出版有限公司 , 2017.4

ISBN 978-7-5433-3680-3

Ⅰ . ①枣… Ⅱ . ①王… Ⅲ . ①枣－果树园艺－无污染技术 Ⅳ . ① S665.1

中国版本图书馆 CIP 数据核字 (2017) 第 068697 号

出　　版:天津科技翻译出版有限公司
出 版 人:刘 庆
地　　址:天津市南开区白堤路 244 号
邮政编码:300192
电　　话:022-87894896
传　　真:022-87895650
网　　址:www. tsttpc. com
印　　刷:天津泰宇印务有限公司
发　　行:全国新华书店
版本记录:880×1230　32 开本　4 印张　0.25 印张彩插　70 千字
　　　　　2017 年 4 月第 1 版　2017 年 4 月第 1 次印刷
　　　　　定价:15.00 元

前　言

　　枣原产于我国，其原生种为酸枣，起源于黄河中下游地区，已有7000余年的历史，是我国栽培最早的落叶果树之一。我国枣树栽培广泛，南至台湾，北至内蒙古，除黑龙江、吉林少数高寒地区外，其他省市都有枣树分布，其中主要栽植区为河北、山东、山西、河南、陕西、新疆、天津等省市。

　　约在2000年前，我国的枣已传到亚洲西部及地中海沿岸，唐代传入日本，美国在1837年从欧洲引入，目前，至少有47个国家直接或间接地引种了枣树。据2015年统计，我国枣树栽植总面积为3000万亩（1亩=667平方米），年产量为7300多万吨，面积和产量均占世界总产量的99%以上，枣产品出口占世界枣产品贸易的近100%，成为约2000万农民的主要经济来源。天津市枣树栽植有600多年的历史，主要分布在静海、大港、蓟县、津南、西青，总面积为16万亩，年产量15万吨。枣树主产区静海区2004年被国家林业局命名为"中国金丝小枣之乡"，2013年"静海金丝小枣"被农业部批准为"地理标志保护产品"。

　　枣果营养丰富，鲜枣及其加工产品深受广大消费者欢迎。枣果中含有丰富的糖、维生素、矿质元素，是重要的滋补食品；鲜枣含糖量为25%~35%，含蛋白质为1.2%~3.3%、含脂肪为0.2%~0.4%；枣果维生素C的含量为果中之冠，100g果肉中含300~800mg；枣果中钙、铁、铜、锌、钼、锰、硼等矿物质含量为1.82%~2.25%。

　　枣树适应性强，抗寒、抗旱、抗涝、抗盐碱，结果早（嫁接当年即结果），素有"铁杆庄稼"之称。因此，非常适宜在旱情严重及盐碱地区发展。天津市地处渤海之滨，东南部地区地势低洼，土地盐碱，自然条件相对较差，该地区的广大劳动人民，在600多年以前就选择了抗干旱、耐盐碱、素有"铁杆庄稼"之称的枣树作为主要的经济树种进行栽培。1984 年天津市政府规划实施了红枣基地建设,主要区域为静海县(2015 年改为静海区)、西青区、津南区和大港区,经过 30 余年的努力,全市枣树面积已达到 16 万亩,年产量 15 万吨,是天津市果树栽植面积最大的树种。但长期以来枣果产量及经营都不理想。

"十三五"期间,天津市将从"加快实现中央对天津定位、全面建成高质量小康社会"的总目标出发,通过农业产业结构调整,大力发展枣树生产,以期通过发展枣树生产,利用枣树适应性强、抗旱耐涝、营养价值和药用价值高、经济效益显著等特点,达到改善低洼盐碱地区的生态环境,合理开发利用盐碱土地资源,实现经济、社会、生态效益的三效合一的目的。

随着人民生活水平的提高,对果品的质量和安全要求越来越高。只有对枣树实行无公害生产管理,提高枣果的质量和食用安全性,才能增强枣果的市场竞争力,促进天津市枣产业的持续健康发展。

笔者根据多年从事枣树生产管理的经验,编写《枣树无公害生产管理技术》一书。以枣树无公害生产的产地环境选择、肥料使用、农药使用等为重点,较为翔实地阐述了枣树无公害栽培管理技术,旨在针对天津地区枣树无公害生产予以技术指导。内容上注重地域特色和实用性,文字上力求通俗易懂,便于广大枣农和技术人员参考借鉴。由于编写时间仓促,水平有限,书中难免有不妥之处,恳请读者批评指正。

在编写本书的过程中,引用了各地部分公开发表或尚未公开发表的资料。如果标注不周,还望有关同行谅解。借本书出版之际,特向有关编者和同仁,一并致以衷心的感谢。

编　者
2017 年 4 月

目　录

第一章 栽培品种

枣树原产自我国，栽培历史悠久，品种资源十分丰富。据不完全统计，我国枣树品种约有 700 多个。但因各地优良品种尚未进行区域化栽培试验，故各地在生产中引种时，应选用与当地或生态条件类似地区的优良品种。按果实用途大体将枣分成两类，即干制品种和鲜食品种。目前天津地区枣树主栽品种有十几个。

一、干制品种

(一) 金丝小枣

金丝小枣因掰开半干的小枣，可看到由果胶质和糖组成的缕缕金丝粘连于果肉之间，拉长 1~2 寸不断，在阳光下闪闪发光而得名。金丝小枣一般为椭圆形和鹅卵形，平均单果重 5~7g。干枣含糖量高达 67%~80%，核肉比 1:5.6，制干率为 55%~56%，皮薄、肉厚、核小、质细、味甜，含有蛋白质、脂肪、淀粉、钙、磷、铁以及多种维生素。每 100 g 小枣中维生素 C 的含量高达 560 mg，是老弱病者的滋补佳品。金丝小枣树势中庸，生长慢，初期产量低，早果性差，9 月中旬成熟，果实生长期 100~105 天，耐干旱、耐盐碱、耐瘠薄、抗病性强，白熟期遇雨容易裂果。

(二) 金丝新四号

从金丝小枣中选出，是目前枣品种中仅有的鲜食、制干品质均达极上品级的优良品种。为金丝小枣的优良芽变品种和理想的替代品种，具有早果性强、果大、品质优、花期适应较低温度（21 ℃~22 ℃）、坐果稳定、高产稳产的特点。果实长筒形，两端平，中部略粗，平均单果重

图 1-1　金丝小枣（见彩插）

10~12 g，大小整齐。果皮薄，有韧性，浅棕红色，光亮艳丽。果肉细脆致密，汁液较多，味极甜、微酸，无杂味。含可溶性固形物 40%~45%，是目前所有枣品种中最高的。可食率达 97.3%，鲜食品质极佳。果实糖分积累早，白熟期可溶性固形物即达 23%，半红期达 33%，完熟期前高达 42%~45%。鲜食宜采期长达 25 天左右，制干率 55% 左右。红枣浅棕红色，皮纹细，光亮美观，肉厚饱满，富弹性，熟食质细，清香甘甜，品质极上，核小，长梭形，多含种子。其风土适应性与金丝小枣相同。天津地区成熟期在 9 月底。

图 1-2　金丝新四号（见彩插）

（三）无核小枣

无核小枣又称虚心枣,果实多为扁圆柱形,平均单果重 4.6 g,最大单果重 10 g,大小很不均匀。果肩平圆或披斜。梗洼浅,中广或狭小,环洼中等宽。果顶平圆,略凹或凸起。果柄细,果皮薄,鲜红色,有光泽,富韧性。果肉白色或乳白色,质地细腻,稍脆,汁液较少,味很甜,含可溶性固形物 33.3%,可食率达 98%~100%,制干率为 53.8%,鲜食品质中上。果核多数退化成不完整的核膜,不具种子。果实生育期 95 天左右,在天津地区 9 月中旬成熟。枣果既可鲜食又可制干。无核小枣树干性较强,树势和发枝力中等,结果较晚,适应性较差,要求土层深厚肥沃的土壤,着色期遇雨容易裂果,适宜密植栽培。

图 1-3　金丝无核(见彩插)

（四）赞皇大枣

原产河北省赞皇县,除制红枣外可加工成蜜枣。该品种树势较旺,树体中大,始果期早,丰产。果长圆形,重 15~17 g,皮紫红色,有光泽,肉厚、致密、汁少、味浓。鲜枣可溶性固形物含量为 30%,干制率为 47%,耐贮运。抗旱、抗涝、耐瘠薄,适土性强,品质上等。9 月中下旬成熟。

图 1-4　赞皇大枣（见彩插）

二、鲜食品种

（一）冬枣

是目前鲜食品质最好的枣品种之一。果实近圆形，果面平整光洁，似小苹果，平均单果重 14 g，最大单果重 45 g，大小较整齐。果肉绿白色至黄白色，细嫩多汁，无渣，甜味浓。冬枣的维生素 C 含量高，是苹果维生素 C 含量的 70 倍，梨的 100 倍。可溶性固形物含量为 35%，可食率达 96.9%，品质极上。果实生育期 120 天，10 月上旬开始成熟，为优良的鲜食晚熟品种。冬枣耐干旱、瘠薄，对肥水要求不严，易栽培，好管理，具有早实、丰产、稳产等特点。抗病性强，不易裂果，适于密植栽培。

图 1-5　冬枣（见彩插）

(二)马牙枣

马牙枣因其果形似马牙而得名。果实长锥形至长卵形,大小不整齐,平均单果重 14 g,最大单果重 21.5 g,果皮鲜红色,完熟期暗红色,果面光滑,果肩宽,果核细长纺锤形,果皮薄、脆,果肉脆熟期白绿色,完熟期黄绿色,果肉致密酥脆,汁液多,风味甜或略有酸味,果实风味极佳,品质极上。可溶性固形物含量脆熟期为 26.10%,完熟期为 31.5%,可食率达 96.3%。果实发育期 80 天左右。在天津地区成熟期在 8 月下旬至 9 月上旬。早果丰产,适应性强,耐瘠薄,成熟期遇雨易裂果。

图 1-6 马牙枣(见彩插)

(三)短枝冬枣

天津静海 2006 年由山东沾化引入,现有少量栽培。枣果较大,苹果型,皮赭红色、光亮,外形美观,较普通冬枣皮色深、桩矮、果柄短、淡食无渣,含水量大,甜脆可口,平均单果重 20 g,含可溶性固形物达 38%,品质极上。天津地区 9 月下旬至 10 月上旬成熟。适宜人工采摘,果落地易碎,常温下贮存期达 8~10 天。自然坐果率高,早果丰产,抗锈病能力强。长势中庸,树体紧凑,节间短,成枝力弱,结果枝叶片紧凑,适宜密植。

图 1-7　短枝冬枣（见彩插）

（四）晚熟冬枣

天津静海 2007 年从山东沾化引入，目前在静海区大丰堆镇靳庄子村、王口镇张家村有少量栽植。其外观跟普通冬枣没多大区别，平均单果重 20 g，甜度优于普通冬枣。不用开甲坐果率就高，需疏果。抗旱涝，耐盐碱，抗病性强，早果丰产。10 月下旬成熟，较普通冬枣晚熟 20 多天。露地栽植霜降后采摘果实有萎蔫现象。适宜密植和保护地栽植，发展前景好。

图 1-8　晚熟冬枣（见彩插）

（五）圆铃枣

原产河北沧州地区,除鲜食外,可做蜜枣。平均单果重 10 g,长圆形,果形美观,大小整齐,脆熟期果皮浅黄绿色,有光泽,果皮薄,肉乳白色,甜脆多汁,可溶性固形物为 31%,品质优良。树势健壮,适应性强,耐瘠薄,抗盐碱,是早熟鲜食品种,天津地区 9 月上旬成熟。适宜城郊发展。

图 1-9　圆铃枣（见彩插）

（六）马奶枣

天津静海 2007 年从河北黄骅引入,在静海区大丰堆镇靳庄子和西翟庄镇张庄子有少量栽植。果实外形像子弹头,平均单果重 25 g,最大可达 30 g 以上,酥脆,甜度高。花期长,花量大,适宜晚开甲,开甲期比冬枣晚十大左右。成熟期介于马牙枣和金丝小枣之间，9 月上旬采收，适宜花红期采摘，可集中上市。树势中庸，枝条下垂，喜大肥大水。抗旱涝，耐盐碱，抗病性强。适于高密度栽植和设施栽植，发展前景好。

图 1-10　马奶枣(见彩插)

(七) 早脆蜜枣

天津静海 2003 年由山东沾化引入，现有少量栽培，是鲜食早熟品种。长势中庸，树体紧凑，节间短，成枝力弱，结果枝叶片紧凑，适宜密植。自然坐果率高，早果丰产。抗锈病能力强。枣花子房体较大，果较大，苹果型，果皮赭红色、光亮，外形美观，淡食无渣，含水量大，甜脆可口，平均单果重 17 g，含可溶性固形物达 41%，品质极上。天津地区 8 月下旬成熟。适宜人工采摘，果落地易碎，常温下贮存期为 8~10 天。适宜城郊发展，并配好贮藏与加工设施。

图 1-11　早脆蜜枣（见彩插）

（八）蓟州脆枣

1997 年,在天津蓟县罗庄子乡花果峪村发现。果实皮薄质脆,肉质细腻,甜味极浓,品质可与冬枣相比。平均单果重 21 g,肉厚核小,可食率 96%,含糖量 33%,树势中庸,极丰产,抗寒、抗旱、耐贫瘠,非常适宜山区干旱、瘠薄条件栽培,酸枣嫁接后第二年株产 3 kg,第三年株产 7 kg,极抗枣疯病。天津地区成熟期为 9 月下旬至 10 月上旬,可供中秋、国庆两节市场。

图 1-12　蓟州脆枣（见彩插）

第二章 生物学特性

一、对环境条件的要求

(一)温度

温度是影响枣树生长发育的主要因素之一,直接影响着枣树的分布,在花期日均温度稳定在 22 ℃以上、花后到秋季的日均温下降到 16 ℃以前、果实生长发育期大于 100~120 天的地区,枣树均可正常生长。枣树为喜温树种,其生长发育需要较高的温度,表现为萌芽晚,落叶早,温度偏低时坐果少,果实生长缓慢,干物质少,品质差。因此,花期与果实生长期的气温是枣树栽种区域的重要限制因素。枣树对低温、高温的耐受力很强,在零下 30℃时能安全越冬,在绝对最高气温 45 ℃时也能开花结果。

(二)湿度

枣树对湿度的适应范围较广,在年降水量 100~1200 mm 的区域均有分布,以降水量 400~700 mm 较为适宜。枣树抗旱耐涝,在河北沧州年降水量大于 100 mm 的年份也能正常结果,枣园积水 1 个多月也没有因涝致死。枣树不同物候期对湿度的要求不同。花期要求较高的湿度,授粉受精的适宜相对湿度是 70%~85%,若此期过于干燥,影响花粉发芽和花粉管的伸长,导致授粉受精不良,落花、落果严重,产量下降。相反,雨量过多,尤其是花期连续阴雨,气温降低,花粉不能正常发芽,坐果率也会降低。果实生长后期少雨多晴天,有利于糖分的积累及着色。雨量过多、过频,会影响果实的正常发育,加重裂果、浆烂等果实病害。

（三）光照

枣树的喜光性很强，光照强度和日照长短直接影响其光合作用，从而影响生长和结果。光照对生长、结果的影响在生产中较常见。密闭枣园的枣树，树势弱，枣头、二次枝、枣吊生长不良，无效枝多，内膛枯死枝多，产量低，品质差。边行、边株结果多，品质好。就一株树而言，树冠外围、上部结果多，品质好，内膛及下部结果少，品质差。因此，在生产中，除进行合理密植外，还应通过合理的冬、夏季修剪，塑造良好的树体结构，改善各部分的光照条件，达到优质、丰产。

（四）土壤

枣树对土壤要求不严，在土壤 pH 值 5.5~8.2 范围内，均能正常生长，抗盐碱、耐瘠薄能力强，在土壤含盐量 0.4% 时也能忍耐，但生长在土层深厚的沙质壤土中的枣树树冠尤其高大，根系深广，生长健壮，丰产性强，产量高而稳定。生长在肥力较低的沙质土或沙质土中，保水、保肥性差，树势较弱，产量低。生长在黏重土壤中的枣树，因土壤透气不良，根幅、冠幅小，丰产性差。因此，建园尽量选在土层深厚的壤土上，对生长在土质较差条件下的枣树，要加强管理，改土培肥，改善土壤供肥、供水能力和透气性，满足枣树对肥水的需求，达到优质丰产的目的。

（五）风

微风对枣树有利，可以促进气体交换，改变温度、湿度，促进蒸腾作用，有利于枣树生长、开花、授粉与结实。大风与干热风对枣树生长发育不利。枣树在休眠期抗风能力很强，萌芽期遭遇大风可改变嫩枝的生长状态，抑制正常生长，甚至折断树枝等；花期遇大风，尤其是西南方向的干热风会降低空气湿度，增强蒸腾作用，致使花、蕾焦枯，落花落蕾,降低坐果率;果实生长后期或枣成熟前遇大风,由于枝条摇摆,果实相互碰撞,导致落果,称为"落风枣",效益降低。

二、生物学特性

(一)根系特性

枣树根系发达,水平延伸大于垂直生长。根分为骨干根、侧根和须根。骨干根可分为水平根和垂直根,水平根很发达,延伸力强,分布范围可超过冠幅 3 倍以上,其主要作用是扩大根系和产生根蘖苗。垂直根向下延伸,其生长势弱于水平根,主要作用是固定树体,吸收土壤中的养分和水分。侧根延伸能力弱,但分枝力强,其主要功能是吸收养分和水分,并能产生根蘖苗。

图 2-1　枣树根系

(二)枝条特性

1.枣头

枣树 1 年生的发育枝叫枣头。枣头为营养性枝条,是形成枣树骨架和结果基枝的基础。它不仅营养生长枝,同时还能扩大结果面积,有的当年就能结果。枣头均由主芽萌发而成,具有很强的延伸能力,并能连续单轴延伸,加粗,生长也快。在生产中对枣头摘心,可显著提高坐果率,增加产量。

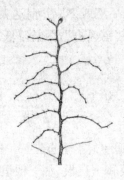

图 2-2　枣头

2. 枣股

枣股是由主芽萌发形成的短缩性结果母枝,每年由其上的副芽抽生出枣吊而开花结果。它是枣树结果的重要器官,所以称为枣股。着生在二次枝上的枣股,10 年以后,结果能力衰退;而着生在主、侧枝上的枣股,最多可活 20~30 年,之后逐渐衰老直至死亡。枣股的年龄不同,抽生枣吊的多少也不一样:1~2 年生的枣股,一般只抽生 2~3 个枣吊;3~5 年生的枣股,可抽生 4~6 个枣吊,而且结果也好;7~8 年生以上的枣股,抽生枣吊的数量逐渐减少,结果能力也逐年衰退。实践表明,3~7 年生的枣股结果能力最强。

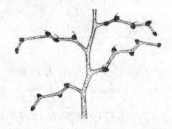

图 2-3　着生在二次枝上的枣股

3. 枣吊

枣吊是枣树的结果枝,是由副芽或枣头基部的二次枝抽生的纤细枝条。它具有结果和进行光合作用的双重作用,常于结果后下垂,所以枣区群众称其为枣吊。枣吊一般长 10~25cm,约 15 节,个别可长达 30cm 以上。每年由枣股萌发,随着枣吊的生长,在其叶腋间出现花序,开花结果,于秋季随叶片的脱落而脱落。

图 2-4 枣吊

(三)芽的特性

枣树的芽分为主芽和副芽两类。主芽在叶柄基部正上方,冬季着生在各个枝条顶端或节上,被深褐色鳞片包裹。它在前一个生长季中开始形成,经过一个冬季,到春季才会萌动,为晚熟性芽。主芽可以发育形成新的枣头或枣股,有时不萌发,成为隐芽。副芽在主芽的左上方或右上方,边形成边萌发,为早熟性芽,在枣树生产中占有相当重要的地位,可以形成二次枝和枣吊,枣树的花和花序也是由副芽形成的。

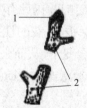

图 2-5 1.顶生主芽 2.枣头枝腋间主芽

三、开花及结果特点

(一)花芽分化

枣树的结果习性非常特别,即它的花的形成是在枣树萌芽之后,在枣吊加长生长的同时进行分化,即当年分化,当年开花结果。同时花的分化量较大,整个花期较其他果树长,并且有多次分化的特性。它是典型的早熟花,一般单花从萌发到形成花只需 1 周的时间,一个花序完成分化需 8~10 天,一个枣吊花芽分化期为 1 个月左右,一株树花芽分化期可持续 2~3 个月。

(二)开花特点

枣的花序着生在枣吊分节处的叶腋间,枣树 1 朵花的寿命比较短,一般 2~3 天,1 个花序的开花时间为 5~20 天。1 个枣吊的开花时间为 30 天左右。全树花期为 1~2 个月。不同品种花期长短差异很大,如金丝小枣花期为 30 多天,冬枣的花期为 50 多天。坐果早的和坐果晚的生长期可以相差 1 个多月,因此,同一树上枣果的大小差异很大。

(三)结果习性

枣树花量大,花期长,但坐果率低。枣果着生在枣吊的叶腋间,除最基部几节开花太早和先端几节开花太迟很少结果外,通常从第二、三节以上都可以着生果实,一般一个叶腋间只着生 1 个果。枣树具有极强的早果性,一般栽植当年就结果,因此有"桃三、杏四、梨五年,枣树当年就换钱"的说法。枣的花朵很小,花的柱头较细。因此花期如遇干热风,花的柱头在短时间内就会变干,从而失去生命力,影响正常的授粉受精,导致坐果率低,因而应注意调节花期的湿度。

第三章　苗木培育

枣树繁殖方法有分株、嫁接、播种和扦插等,同时也可运用现代技术进行组织培养育苗。在生产上常用断根育苗、种子育苗和嫁接育苗三种方法培育苗木。

一、分株繁殖

枣树的水平根很容易生出不定芽而长出一些幼苗,或在根部受伤的部位形成膨大的愈伤组织,进而分化成芽体而长成新株。生产实践中人们常利用枣树的上述特性而进行分株繁殖,为发展枣树提供苗木。

(一)自然根蘖苗

这是各地枣产区普遍采用的枣树繁殖的方法之一。成年枣树,特别是一些衰老的枣树周围每年都能萌生一些根蘖苗。在实行枣粮间作的地区,间作物田间作业时,经常会损伤一些浅土层的枣根,这样就加大了根蘖的发生量。有时在一个伤口处往往长出数棵甚至十余棵幼苗,呈丛生状态。育苗时,应保留其中生长健壮的一棵。对余下的全部从地面处疏除,这样能使养分集中到所留的幼苗上。此苗当年可长至1m左右。秋后或来年早春即可移栽或入圃继续培养。在起苗时要带一段母根,一般称之为“拐子根”,一般留15~20cm为宜。如不及时去掉多余的小苗,所留苗的长势就会很弱。最后只能用一棵,其余的在起苗后需要剪掉。因此在利用自然根蘖育苗时,一定要注意及时定苗,疏除多余的苗,从而提高苗木的质量。

在生产实践中,枣树根蘖苗的质量与出苗的部位有密切的关系。一般情况下,离母树主干越近,着生在母树粗根上的根蘖苗质量越差。

这样的根蘖苗主要靠母树根系提供的营养生长。虽然地上部分生长旺盛,但自身生根能力弱,须根不发达或无须根。因此定植时成活率较低,在起苗时对母树根系的损伤较重。而离母树主干较远的,着生于细根上的根蘖苗,质量较高,这是由于母树供应的营养不足,需要自己生根吸收一部分营养。这类根蘖苗地上部分虽不如前者旺盛,但须根较多,移栽成活率较前者高,一般可达 90% 左右。另外,离母树较远的细根上生长出的根蘖苗,由于生长缓慢,故枝干较为充实,须根较多,移栽后生长快,结果早。所以在利用分株法繁育苗木时,应尽量培养离母树较远的根蘖苗,对树冠下的根蘖苗则应及早铲除。

采用此法育苗,简便易行,成本低,但也有出苗量少、苗木不整齐的缺点。

(二)开沟育苗

为克服分株繁殖育苗的缺点,提高苗木质量和成苗数量,生产中可采用开沟育苗的方法。具体做法:在春季枣树发芽前,选择品种优良、树势健壮的枣树,于树冠外围顺枣行方向挖宽 30~40 cm、深 40~50 cm 的沟,最好用利器切断直径 2 cm 以下的细根,尽量使切口平滑,以利于切口的愈合和生根。切口要与沟壁齐平,断根后将松散的湿土回填沟内,覆盖好所有的断根,以利伤口愈合并形成不定芽。断根后一般在 5 月份即可生出根蘖苗。当幼苗长到 20~30 cm 高时进行间苗,做法是去弱留强,每丛苗选留 1~2 株,余者剪除。结合施入有机肥再覆土一次。覆土厚度以可盖住幼苗 1/3 左右为宜,然后浇水,促进生根,加快幼苗生长。土壤干旱时,沟中应及时浇水,保持土壤湿润。当年苗高一般可达到 0.6~1 m,这样便可带一段母根进行移栽。如留一年以后再起苗栽植,则根系发达,苗木健壮,成活率更高。

开沟育苗的优点是出苗数量较多;苗木自生根数量较多,质量较好;苗木比较集中,便于管理。缺点是在同一枣园连年进行开沟育苗时,母树树势削弱明显,枣果产量也受到影响,所以凡开沟育苗时,需对母树增加肥水的供应,以保持母树的树势并促进苗木生长。

(三)归圃育苗

归圃育苗就是把田间散生的根蘖苗收集入圃,继续培养,两年后再进行移栽的育苗方法,也叫二级育苗。

在归圃育苗中常用的方法有以下几种。

1. 休眠期归圃育苗

选择疏松肥沃的沙质壤土或轻黏壤土的地块,在 11 月至翌年 3 月份之间,枣树休眠的季节内进行归圃育苗。做法:先对育苗地进行深耕、耙平,然后按 80 cm 的行距开沟,沟宽 30 cm、深 25 cm,顺沟撒入复合肥或磷酸二铵,每亩 15~20 kg,顺沟翻动土壤,使沟中土和肥料充分混合,栽植时将大小苗分类栽植,株距 40~60 cm,在沟中挖坑栽植,再将行间的土壤回填于栽植后的沟内,培土成垄。栽植行变成垄,行间成沟状,以便顺沟浇水和以后起苗。

栽植后应立即浇水,经常保持苗圃地湿润。尤其是第一年雨季之前的干旱季节,应注意及时浇水,这是育苗成败的关键。同时要注意及时松土、中耕除草、除根蘖、追肥及病虫害防治。用此法培育两年的枣苗,每亩可出苗 1 200~1 500 株,苗高可达 1.5~2.5 m。

2. 平茬归圃育苗

将带有 15~20 cm 母根、高度在 30~50 cm 的根蘖苗,自根颈上部 3~5 cm 处剪掉,然后栽入圃地,株行距一般为 20 cm×60 cm,每亩栽植 5000 株左右。整地前每亩撒施有机肥 5000 kg、磷肥 50 kg,然后耙耙。

栽植时间可在落叶后至封冻前进行,也可在解冻后至发芽前进行。在发芽前栽植,栽后应及时浇水,在 5~6 月份干旱时应浇水 3~4 次,以保证苗木对水分的需要。7 月进入雨季后,每亩追施尿素 20 kg,同时应注意及时进行中耕除草和病虫害防治,以保证苗木健康生长。如在冬季前栽植,一定要灌足冬水,避免造成冻害,引起死苗。用此法育苗一般当年苗木高度可达到 60~80 cm,第二年叮达到 1.3~1.8 m,一级育苗率在 90% 以上。

近年来,静海苗圃场在枣树育苗时,用 ABT 生根粉 3 号 50 mg/kg 浸泡枣苗根系 12 小时,然后栽植,成活率提高了 20% 左右,同时苗木的高度也有明显的增加。

综上所述,归圃育苗有以下优点。一是便于田间管理。利用自然根蘖苗育苗时,存在枣苗与间作物在肥水、空间等方面的矛盾,枣苗易遭受损伤。实行归圃育苗后,枣苗占地相对减少而集中,这样既解决了上述矛盾,也给田间管理带来了方便。二是有利于培育根系发达的健壮枣苗。枣树自然根蘖苗的须根数量少,定植后缓苗期长,成活率较低,经过归圃后,由于与母株脱离,促使其产生大量的新根,使根系相当发达,明显提高了成活率,而且促进地上部分的加粗和加长生长,使苗木生长更加健壮。采用归圃苗建园,其栽植成活率和生长结果均好于其他方法。

二、嫁接育苗

嫁接法是枣树无性繁殖的常用方法之一。嫁接育苗的优点如下。一是可以保持接穗品种的优良性状。这是因为接穗是取自优良成年树上的枝条或芽,遗传性比较稳定,嫁接后一般不会发生变异,如赞皇大枣、冬枣都是由酸枣嫁接而成的,嫁接后果实与其根生的果实大小、内含物差异小。二是可以提早结果。由于砧木根系发达,嫁接后生长旺盛、枝条健壮,可使缓慢的生长变成速生,可提早结果。天津静海苗圃场 1999 年 4 月 20 日嫁接的山西梨枣和冬枣,当年苗高达到 1.5 m 以上,最高达到 2 m,干粗近 2 cm,着生二次枝 15~20 个,枝条长度达 40 cm,当年便有部分树结果,留圃的梨枣有一株(2000 年)结果,产量高达 2 kg。三是可以增强枣树的抗逆性。嫁接选用的酸枣砧木具有很强的抗旱、耐瘠薄的能力,对土壤适应性广,用本地生长的小枣或大枣的根蘖苗或种子培育的实生苗,对当地的土壤、气候条件非常适应,砧木的适应性和抗逆性对嫁接后的枣树均有良好的影响。四是可以充分利用酸枣资源。我国各地的山区和平原都有酸枣生长,利用酸枣嫁接大枣是加快荒山、荒滩、丘陵、沟坡绿化,扩大枣树栽植范围的有效途径。我国劳动人民利用酸枣嫁接大枣的历史悠久,迄今陕西省绥德县枣林坪和河北省阜平县北水峪,还保留着数百年生的用酸枣嫁接的老枣树,并有一定的产量。中华人民共和国成立后,山西、山东、河北、河南、辽宁、甘肃等地在酸枣嫁接大枣方面都做了大量的工作。近几年天津市在蓟县山区广泛开展山区酸枣资源的综合利用项目,酸枣改接大枣超过 500 万株,年产量超过 1000 万 kg,为山区果农致富和山区生态建设做出了巨大贡献。

(一)砧木选择

天津地区枣树嫁接所用的砧木有本砧(栽培枣)和酸枣两种。本砧和酸枣砧适用于我国各枣区,本砧包括栽培枣的根蘖苗及种子培育的实生苗;酸枣砧包括野生酸枣苗和用种子培育的实生苗。

(二)砧木培育

除利用野生酸枣做砧木外,嫁接育苗都需要培育砧木。根据当地的具体条件,选择地势平坦、交通便利、土层深厚、排灌良好的地方用作育苗地,然后对育苗地进行浇水造墒、精耕细耙,使土地平整。一般每亩施基肥 5000 kg、尿素 10 kg 撒于地面,耕翻 20~25 cm。整地达到土块细碎、地面平整,播前 10 天左右灌 1 次透水,做畦备用。北方少雨地区,采用低畦,畦面与地面平,只要做出畦埂便可,以便浇水。一般畦宽 80~100 cm,畦长 15~20 m,畦埂宽 30 cm,畦以南北方向为宜,以利苗木得到均匀的光照。

育苗前,酸枣种子采集一般在 8~9 月份。酸枣果实成熟时,选择表面光洁、无病虫危害、充分成熟的果子,用木棒捣碎果肉,放在阴棚下,并洒少量水,使果肉发酵腐烂。温度不能高于 39 ℃,每隔 1~3 天上下翻动 1 次,避免因发酵产生胚芽,影响种子萌芽率,等果肉完全腐烂后,用手搓洗,取出种子,晾干后备用。

育苗时应注意对种子进行检验。因为枣树种子的寿命较短,在常温下存放,经过一年的时间大部分的种子即丧失生命力,因此播种用的枣核必须是新核。新鲜种子的种皮色泽新鲜、光亮,种仁饱满、色乳白、未出油;若种皮发暗,种仁发黄并见出油,这样的种子已丧失生命力,不能使用。

种子处理也是播种育苗的一个重要环节。用酸枣种核或有种仁的栽培枣的枣核播种培育实生苗时,应于 11 月至 12 月份进行沙藏处理,以保证播种后出苗整齐,提高发芽率。沙藏前用清水浸泡两昼夜,使枣核充分吸水。天津地区一般采用露天沟藏法,即选择地势高,排水良好,背阴的地方挖沟,深 40~50 cm,宽度和长度依枣核的量而定。沟底铺 10 cm 的湿沙(沙的湿度以手握成团但不渗水为宜),上面再放混合湿沙的枣核(沙子 5~8 份,枣核 1 份,按容积计,均匀混合),堆到离地面 10 cm 时,喷淋清水,使枣核间孔隙填满湿沙。然后覆湿沙至地面,上面覆土成屋脊形。坑的四周挖排水沟,以防雨水、雪水浸入沟内,每隔 1.5 m 左右竖一秫秸把或草把至沟底,以流通空气。沟内温度保持在 0 ℃~5 ℃之间。

少量的种子可沙藏于木箱或花盒内,即先将其底部钻孔若干个,铺放一层煤渣,以利排水、透气,然后铺一层湿沙、一层枣核间隔放入,埋藏于背阴、湿度变化不大的地方或窖内,但不得放在向阳处,以免种子提早萌发。如果置于室内,则要注意洒水保湿,通风透气,室温在 7 ℃以下。翌年 3~4 月份,枣核逐渐开裂露出白色胚根时便可播种。

枣核沙藏时间应在 80 天以上。播种前 1~2 周检查种子,如果枣核尚未裂缝露白时,则取出混沙堆放在向阳背风的地方催芽,适当浇水,每 2~3 天翻动一次,使温度和湿度均匀,萌芽一致。当枣核 30% 裂缝露白时再行播种。

播种时间一般在沙藏种子开始发芽时,通常在 4 月中下旬,也可在采种当年 10 月下旬至 11 月中旬进行,在播种后土壤立即封冻为好,使枣核在田间越冬,可以免去枣核沙藏处理的环节,此外要注意防止鼠害。

因为枣苗和酸枣苗多二次枝和棘刺,单株占地面积较大,为便于田间管理和嫁接,宜采用与畦向垂直的横向双行穴播形式播种。双行内距离 30 cm,双行间距 70 cm,株距 15 cm。由于枣核出苗率较低,每穴播种宜 2~3 粒,覆土 2 cm 厚。酸枣核每亩播种量为 8~10 kg,枣核每亩播种量为 10~12 kg,播种后将土搂平,至出苗后再行浇水。

育苗时,可采用塑料薄膜覆盖的办法,以保墒和提高地温,还可促进幼苗出土生长。出土的幼苗数量一般远大于最后的产苗量,因而要通过间苗来调整幼苗的密度,改善光照和通风条件,扩大单株营养面积,保证苗木整齐而健壮地生长。间苗时宜去弱留强,去密留稀,每穴选留 1 株。当苗高 3~5 cm 时,种子出苗基本终止,间苗工作即可进行。缺苗处可同时进行带土移苗补栽。间苗和补苗后,需立即浇水,将间苗留下的孔穴淤平,以防风干伤根。

在培育砧木的过程中,浇水和降雨后应注意及时进行中耕除草。中耕可使苗畦土壤疏松,防止土壤板结,切断土壤毛细管,减少土壤水分的蒸发,增强土壤蓄水能力和加大空气交换量,有利于幼苗根系的生长。苗圃杂草与幼苗争夺土壤水分、养分和阳光,杂草丛生还易滋生病虫,对幼苗生长不利,所以要结合松土清除杂草。松土深度随幼苗生长而逐渐加深。初次松土以 2~3 cm 深为宜,以后随苗木长大,可加深至 3~5 cm,松土时注意保护苗根。

另外应注意追肥和浇水,以确保小苗的健壮生长。一般在苗高 5 cm 时,每亩施尿素 5 kg,苗高 20 cm 时,每亩施尿素 15 kg。7 月再次追肥时,每亩施复合肥 15 kg,促使苗木木质化。一般在施肥后应及时浇水。这样有利于加速肥料溶解,促进根系吸收。追肥前应先除净杂草,同时不要将肥料撒在幼苗叶片上,以免灼伤幼苗。

浇水要掌握适时适量,出苗期只要地面湿润、土壤不板结就不必浇水。在苗木生长初期,浇水时采用少量多次法;在苗木生长后期,除特别干旱外,可不必浇水。雨季注意排除积水,做到内水不积、外水不淹,以保证苗木正常生长。

在苗木生长过程中,为控制生长过高,促进粗壮生长,在苗高30 cm时对苗木进行摘心。

幼苗期应注意病虫害的防治工作,使苗木健壮生长,通过精心管理,砧木苗第二年春季就可进行嫁接。

(三)接穗的采集及处理

春季嫁接接穗的采集时间应在接穗萌芽前5~10天进行,天津地区在4月13至18日为宜,生长季嫁接所需接穗,最好随接随采。

1. 接穗的采集标准

春季枝接最好选用1~2年生的枣头,粗度以0.5~1.0 cm为宜,太粗了嫁接时不便操作。如枣头数量不足,也可选用1~2年生的粗壮的二次枝,粗度在0.3 cm以上为好,太细将会直接影响当年的生长量。夏季芽接应选用当年生枣头一次枝的主芽。

2. 接穗的剪截方法

为有效地利用枣头,凡枣头做接穗时,在剪截时一般每个接穗只留一个芽。二次枝做接穗时,可依节间长短留1~2个芽。剪穗时,以上剪口距芽0.5 cm为宜。同时最好枣头和二次枝分别存放,以便分类使用。

3. 接穗的处理

接穗剪好后立即放入清水中浸泡5~10小时,目的是让其吸足水分,然后将其捞出过风,待其表皮干后,立即进行蜡封。蜡封时石蜡的温度以90 ℃~100 ℃为宜。封蜡时速度要快,要求在1~2秒之内完成。封蜡后立即过风散热或放入冷水中降温。待接穗冷却后,用湿麻袋装好,然后存放到阴凉的地方。如嫁接时间长,接穗量大,应存放在冷藏设备中,一般温度以1 ℃~5 ℃为宜;夏季芽接的接穗是用当年生枣头一次枝上的主芽,采下后立即去掉叶片,留下叶柄并捆好,然后用湿麻袋包好,以防失水,最好是随采随用。

（四）嫁接方法

枣树嫁接的时间和方法都直接影响嫁接成活率和当年的生长量，多年实践证明，春季枝接在枣树萌芽之后嫁接成活率最高，且生长量大。嫁接过早成活率会相应下降，嫁接过晚则当年的生长量变小。天津地区一般以 4 月 20 日至 5 月 15 日为宜。生长季芽接一般以 7~8 月成活率最高。

枣树嫁接所采用的方法有两种，一种是枝接，另一种是芽接。根据近几年的研究，枝接时在砧木和接穗都较粗时宜采用切腹法嫁接，这样既便于操作，成活率也高，并且在嫁接成活后不用设立支柱和绑缚；在砧木较粗而接穗较细时宜采用皮下接；如砧木接穗均较细时最好选用劈接法；在生长季芽接时，最适宜带木质部芽接。

（五）嫁接技术

采用不同的方法所需的技术各不相同，但有一点是一致的，那就是砧木和接穗的形成层必须对正并且贴紧。如果是苗木嫁接，砧木高度一般在 10~15 cm 为宜，高接时视具体情况而定。

1. 切腹接

嫁接时先将接穗削成楔形，两个切面上面的大，下面的小，长度依接穗的粗细而定，粗的 2~2.5 cm，细的 1.5~2.0 cm。然后根据接穗切面的长宽在砧木上距上口 1 cm 左右处斜下切开一道长宽与接穗切面基本一致的一道切口，再将接穗插入砧木的切口中，最好是三个面都能对齐。如初学者不能三个面都对齐，也必须将任意一面和上部砧穗的皮层（形成层）对齐。最后用塑料膜扎严紧即可。

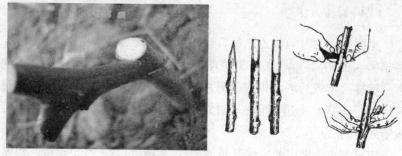

图 3-1　切腹接(见彩插)

2. 皮下接

也叫插皮接,适用于根部嫁接、近地面嫁接和高接。操作方法:先将接穗一面削成长度约 3 cm 的切面,在基部对面再削一个长度约 0.5 cm 的小切面,备用;然后在砧木上选择平滑无分枝的一面,用嫁接刀从上口起纵切一刀,深达木质部,长度约 2.5 cm,切完后,将削好的接穗自上而下插入砧木的皮层和木质部之间,注意长面朝木质部。插入深度以接穗上方露出 0.3 cm 左右切面(露白)为宜。最后用塑料膜绑缚严紧即可。

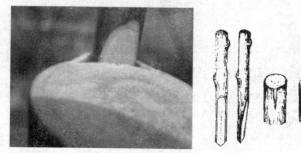
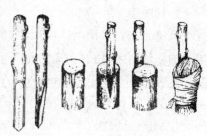

图 3-2　皮下(插皮)接(见彩插)

3. 劈接

先将接穗削成两个对称的斜面,使之成为切面为 2.5~3 cm 楔形,要求切面平直、光滑、清洁,枝皮不能翘起;然后用力自上而下在砧木的中心劈一刀,深度为 2.5~3 cm,撬开砧木劈口,将接穗自上而下插入砧木。注意使接穗和砧木的皮层（形成层）对齐并使其紧密地吻合，最后用塑料薄膜绑严紧即可。

图 3-3　劈接

4. 切接

切接与劈接相似，但砧木的接切口不是在截面的中央，而是偏向一边。接穗要有一个发育良好的正芽或枣股。在芽或枣股的背下部位，向下斜削一个长的平整削面。削面长度依接穗的粗细而定，粗的 2~2.5 cm，细的 1.5~2 cm。削面先端要达到髓部，在背面尖端稍削一刀，呈小马蹄形，长约 0.5 cm。然后将接穗插入砧木的切口中，最好是三个面都能对齐。最后用塑料膜扎严紧。切接的成活率较劈接和皮下接低。

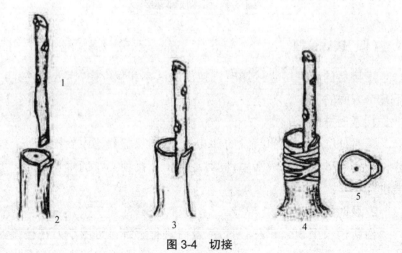

图 3-4　切接

5. 带木质部芽接

芽接采用当年生发育枝(新枣头)上的主芽。操作时,先将接穗上的二次枝剪留 0.7 cm,再从主芽上方 1 cm 处横切一刀,深度达 1/3 左右,然后从主芽下方 1 cm 处向上斜削过横切口,削成上平下尖略带木质部的盾形芽片。在砧木距地面 10 cm 处,选一平滑之处用刀切一"T"形切口,横切口长 1 cm,纵切口长 1.5~2 cm。用刀尖拨开砧木的切口皮层,插入芽片,将芽片上端和砧木横切口对严,最后用塑料条自下而上缠紧,露出接芽即可。嫁接成活后于转年 3 月下旬在接芽上方 1 cm 处剪除砧梢(接口上部枝条)。

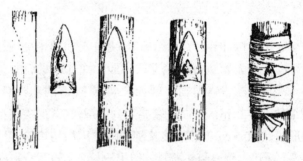

图 3-5 带木质部芽接

(四)接后管理

嫁接后的管理可直接影响嫁接的成活率和保存率,因此要注意以下几个方面的工作。

1. 及时抹芽

随时抹除砧木上的萌发的芽和枝,以确保营养集中到接口处。这样不仅可有效地提高成活率,同时还会提高接穗当年的生长量。一般要进行 3~4 次。

2. 及时解绑

当新梢长至 30 cm 左右时,应及时进行解绑。可用小刀在枝接的背面将塑料薄膜切断(但不把塑料薄膜完全解除),以免妨碍加粗生长。

3. 设立支柱并绑缚

枝接法新梢生长量很大,一般当年生长高度可达到1~1.5 m,且分枝量大。因此一般均需设立支柱加以保护,以防从接口处劈裂折断,从而造成损失。特别是对采用皮下接的苗木更要格外注意。设立支柱和第一次绑缚的时间一般是在解绑后立即进行,支柱长度1 m左右,插入地下20 cm左右,地上剩余80 cm;第二次绑缚应在接穗长到60~80 cm时进行,同时解除接口处的塑料条或其他绑缚物。

4. 加强肥水管理和病虫害防治

在接穗发芽以后重点是搞好苗木的促长工作。6月上中旬追肥一次,以氮肥为主,一般每亩施尿素10~15 kg。生长季干旱时要及时浇水,确保苗木的生长需要,每次浇水以后要及时松土保墒,除去杂草。到生长后期要控肥控水,使苗木充实健壮,有利于安全越冬。在做好肥水管理的同时,要加强苗木的病虫害防治。主要防治枣瘿蚊、红蜘蛛、刺蛾类和绿盲蝽象等。防治药剂参考后面的病虫害防治药剂。

5. 冬季防寒保护

当年嫁接的枣树苗,抗逆性弱,在冬季若不采取必要的防冻措施,很可能造成冻害,特别是北方气温较低的地区对此更应该注意。为保护嫁接苗安全越冬,通常可采取以下措施。

(1)适时浇封冻水。在土壤封冻前,浇一次封冻水,有助于土壤保温,减缓土壤的降温速度,同时还可以满足嫁接枣树苗在越冬期间的水分消耗。

(2)树干涂白。当气温降至零度之前,对树干、骨干枝及分杈处进行涂白。涂白剂的配制比例为:水20份、生石灰10份、硫磺粉(或石硫剂原液)1份、盐1份、植物油(或兽油)0.1份。如果配好的涂白剂黏着力不够,还可加入适量黏土或豆浆,连续涂抹2遍效果更好。

(3)根颈培土。天津地区冬季比较寒冷,冻死枣树嫁接苗特别是酸枣砧苗木（实践证明以酸枣做砧木的嫁接苗，生长势较弱，因而抗冻性较差）的现象时有发生。因此，土壤封冻前，要对半成品苗和一些低位嫁接苗在根颈或接口处培土。一般培土高度不少于 40~50 cm，这样，有利于各种嫁接幼苗安全越冬。转年春季解冻后，及时将培土扒开，以免影响接芽的萌发。

（4）适时合理修剪。为增强嫁接苗的抗寒能力，应进行合理修剪。主要应注意以下两点：一是 8 月下旬对嫁接苗所有未停止生长的枣头和枣吊进行摘心，以节约树体养分，促使嫁接苗枝干生长充实；二是延迟冬季修剪的时间。枣树的冬季修剪时间应在萌芽前结束，尤其要避开冬季严寒时修剪。这是因为北方地区冬季干冷，冬季修剪过早，会使枝干在冬季因失水抽干。但也不可过晚，若在萌芽后修剪，就会削弱树势，影响枣头的萌芽以及二次枝和枣吊的生长。

（5）及时清理积雪：冬季降雪厚的年份，开春化雪时，枣树雪线以下部位主干（约 20 cm 高）处受雪水融化浸泡、风吹而腐烂爆皮，造成树体输导组织受阻而干枯死亡，损失惨重。因此，冬季下雪后，应及时清扫树盘周围的积雪，减少太阳光反射，提高地温，同时要将枝杈上的积雪扫除，防止雪融结冰冻坏树皮。

（五）苗木的出圃及包装运输

1. 苗木出圃

经过归圃培养的根蘖苗、嫁接苗及扦插培育的枣树苗木，当高度达到 80 cm 以上，地径达到 1 cm 以上时，即可出圃栽植。出圃季节，天津地区一般在秋季落叶后至封冻前或春季土壤解冻后到发芽前两个期间进行。在起苗时间内，如果土壤过于干旱，应及时进行浇水，待 5 天之后再行起苗。这样做不仅可以有效地增加苗木的含水量，同时减少在刨苗过程中因土壤过硬导致伤根的现象，有效地提高栽后的成活率。

起苗时，一般应先用镐头在距苗 15cm 远的一侧深刨树根，然后再于对侧 15 cm 远的地方刨松，最后将苗提起。如提不起来，应再刨或用锹深挖。注意不可伤根过多,更不要损伤枝皮。

为便于栽后的管理,使枣园整齐一致,在刨苗后对苗木应进行分级。分级标准如下表。

表 3-1　枣树苗木的分级标准

级别	苗高(m)	地径(cm)	根系状况
一	1.2~1.5 以上	1.2~1.5 以上	根系发达,具直径 2 mm、长 20 mm 以上的侧根 6 条以上
二	1~1.2	1.0~1.2	具直径 2 mm 以上、长 15 mm 以上的侧根 6 条以上
三	0.8-1	0.8-1	具直径 2 mm 以上、长 15 cm 以上的侧根 4 条以上

2. 包装和运输

起苗后应及时对伤根进行剪截,并对二次枝留 1 cm 左右剪截,然后按一定数量将其捆成捆。若进行较远距离运输,应立即将根部蘸上泥浆,并用浸湿的蒲包或草袋包装好;如几个品种的苗木同时包装时,应在包装内外各栓一个标签注明品种、等级和株数;如长途运输,还应在苗木空隙间填入浸湿的稻草或水草,以防根系被风吹干后失水过多而死。装好车后上面要用蓬布盖好,以减少风吹日晒造成苗木失水的现象。

(六)苗木假植

起苗后不能马上运走或运到目的地后不能马上栽植时,应对苗木进行假植。具体做法:挖宽度为 1 m 左右,深度 50~60 cm,长度依苗量而定的假植沟,然后将枣苗倾斜着疏散地排在沟内,用细土将苗木近 1/2 的部分埋土,并使土与苗的根系密接,最后浇水,以后随栽植随取苗,这样可有效地提高成活率。

第四章 建园

一、栽前准备

枣树为多年生木本植物，且寿命极长，因此一经栽植，就不便再进行地块和品种的调换。因而一定要注重园地和品种的选择。

（一）园地的选择

枣树抗旱涝，耐盐碱，并且对栽植的土壤适应性极强。如将其栽植到土壤条件较好的地块上，它就能更好地生长，同时果品的产量和质量也会相应地提高。

在选择园地时，应考虑以下几个主要因素：一是土壤质地，有条件的地区最好选择沙质土壤，尤其以沙盖金（表层 20 cm 左右的沙土，下层为红土）土壤为最佳，轻黏壤土也可栽植枣树，但过于黏重的土壤和沙砾土定植枣树后，生长和果品的产量和质量均不理想，同时寿命也较短；二是土层厚度，一般要求必须在 60 cm 以上，地下水位在 1 m 以下，土壤 pH 值为 5.5~8.2，土壤总含盐量在 0.3% 以下，氯化钠低于 0.1%，园地地势平坦、交通方便、排灌功能齐全，同时要求枣园周边无工矿企业的直接污染和间接污染，距离交通主干道 50 米以上。

（二）园地规划

科学规划枣园，对枣树生产和枣园管理有重要作用。如果规划不当，会给今后枣树的生产带来长期不良影响，给果园管理增加诸多不便和无为的劳作。

1. 生产小区规划

作业区是构成枣园的基本生产单位。小型枣园每园作为一个作业区,大型枣园须进行作业小区规划。作业区面积一般为 1~150 亩(每亩为 667 平方米)。作业区规划应根据地势、地形因地制宜进行划分。在土壤、气候条件基本一致的情况下,作业区面积一般为 100~150 亩;在土壤、气候条件不太一致的情况下,作业区面积一般为 50~100 亩。一般平地宜大,坡地宜小。作业区形状和方位以长方形为宜,长宽比例为(5~2):1,长边南北向或垂直于主风向,以利于枣树通风透光和防风。

2. 沟渠路林规划

大、中型枣园要规划道路,结合道路规划,沿路栽植防风林,修建排灌沟渠。道路一般占园地总面积的 5%~6%。150 亩以上的枣园设主路、支路、小路三级,75~150 亩的枣园设主路、支路,75 亩以下的枣园设支路、小路。主路宽 6~8 m,支路宽 4 m 左右,小路宽 1~2 m。主干路设在两个作业区中间,贯穿全园,外与公路连接。支路一般与主干路垂直,在作业区中间的树行间,外接主路,内连作业路。作业路设在小区内树行间。

3. 灌溉系统规划

主要由干渠、支渠和园内浇水沟三级组成。干渠将水从水源处引入枣园,纵贯全园。支渠将水从干渠引入作业区。浇水沟将支渠的水引入枣树沟内。各级渠道的规划布置应充分考虑枣园的地形情况和水源位置,结合道路、防护林进行设计。有条件的地方可安装滴灌,采用沟灌与滴灌相结合的方式。

4. 防护林规划

枣园防护林面积一般占园地总面积的 12%。主林带与主要风害方向垂直或基本垂直,宽度 3~5 m,副林带宽度 2~3 m。林带株行距 1 m×1.5 m。平原枣园应沿主干路、支路两侧栽植防护林,主路栽 6~8 行乔木,支路栽 2~4 行乔木。北方枣园乔木可选用杨树、椿树、苦楝、泡桐等混行栽植。乔木株行间可栽植紫穗槐、枸杞、花椒等灌木。防护林内侧开挖排水沟,另一侧修建浇水渠。

5. 建筑物规划

枣园管理用房,机械工具、农药、肥料仓库,果品保鲜恒温库,储藏室,包装室等,应设在交通便利的主干道处,并尽量靠近枣园中心。

(三)品种选择及授粉树配置

不同地区适宜栽植的枣树品种不同。天津地区枣树栽植可选择金丝新四号、金丝无核等适宜制干品种,栽植鲜食品种可选择马牙枣、冬枣、短枝冬枣、晚熟冬枣、马奶枣等发展前景好、市场价格高的优良品种。

枣树大多数品种能够自花授粉且正常结果。如金丝小枣、无核枣、婆枣、冬枣、圆铃枣、灵宝大枣、板枣、壶瓶枣等这些品种自花结实能力强,可以单一品种栽植,不必配置授粉树。但异花授粉可以显著地提高坐果率,提高果实产量。因此,生产中,即使是自花授粉较好的品种,在定植时最好也选两个以上品种进行混栽。

二、栽植技术

(一)栽植形式与栽植密度

在枣树定植时,栽植的密度应依据栽植的形式而设定。

1. 纯枣园

这种类型的枣园多为近年来栽种的。其目的是提高枣园前期经济效益,便于枣树的田间管理。在采用纯枣园形式定植时,还要依据主栽品种的特性、土地肥沃程度、管理水平等诸多因素而定。如土壤肥沃并且栽植树体较大的品种时,栽植密度可以稀些,一般按株行距(3~4)m×(6~7)m 为宜,每亩栽 24~37 株;如土壤条件较差,树势长势较弱,株行距按 3 m×5 m 设定为宜,每亩定植 44 株;对一些早实性强和树体发育较小的品种以及鲜食品种(果实不能打,只能人工采摘),适宜矮化密植,如冬枣、梨枣、辣椒枣、阳信大枣等。定植密度,梨枣以株行距(1~2)m×(1.5~2)m 为宜,冬枣以株行距(2~3)m×(3~4)m 为宜,其他品种一般株行距为(2~3)m×(3~4)m。

2000 年静海区靳庄子采用高密度定植金丝小枣归圃苗和根蘖苗,按 2 m×3 m 的株行距栽植 200 亩;2001 年春季采用枝接法嫁接成冬枣,2002 年开始见果,2003 年株产 5 kg,2004 年株产 15 kg。

其优点:管理方便,节约工时,投产早,收益高。定植后的前 3 年内行间可间作一些花生和豆类等矮杆作物,也可间作一些瓜类和蔬菜类植物,从而增加园地的产出水平,提高经济效益。

2. 枣粮间作

枣粮间作是我国劳动人民的创举,是提高土地、日光和空气等自然资源利用率,增加农田单位面积产量、产值的先进的农作制度,是立体农业的典范。在天津静海地区人们称之为"地上是粮仓,树上是银行"的黄金组合。该品种栽培形式目前在全市约有 7 万亩。

天津市林业果树研究所与天津市静海林业局于 1986 年联合开展枣粮间作专题的研究,并取得了可喜的成果。这些研究成果为这一古老栽培模式的科学性进行了验证,并为今后的推广发展提供了科学的依据。

枣粮间作的组合是以生物学理论为基础的。其优点是缓解了枣粮之间对肥水及光照的主要矛盾。枣树与大多数间作物之间物候期差异较大,其需肥、需水的时期错开,从而自然避免了因各自生长而造成的对肥水、光的竞争。枣树发芽较晚,河北、天津等地一般在春季 4 月中下旬萌芽、长叶,这就为间作植物冬小麦的返青生长提供了充足的光照条件。在枣树尚未进入旺盛生长、树冠叶幕尚未形成时,小麦已基本完成返青、起身拔节的生长过程。从间作物和枣树的需肥高峰来看,4 月下旬至 5 月中旬,小麦历经拔节、抽穗、开花三个时期,其间拔节、抽穗期对钾肥的吸收量较大,抽穗开花期对磷肥的吸收量较大,从拔节到开花,氮、磷、钾吸收量分别达到总用肥量的 72%、93% 和 100%。同期内枣树从萌芽转入枣头、枣吊迅速生长期,这一时期主要需肥是氮肥,而对磷、钾肥的需要量则较小。小麦开花以后,对氮、磷的吸收量很少,至枣树吸收钾达到第一个高峰期时(一般在 6 月上旬),小麦已进入成熟期而不再吸收钾肥了。6 月上旬,枣树进入开花座果期之后,对氮、磷、钾的吸收量均达到最高值,而在此时间,谷子、花生、玉米、豆类等作物尚处于苗期,植株小,需肥量很少。7~8 月,间作物需肥水量大,同时枣树生长进入高峰期,果实生长需大量的营养,但这时一般年份已进入雨季,可通过追施肥料和叶面喷肥等追加肥料,以缓解枣树与间作物之间肥水的矛盾。9 月下旬,枣果采收以后,对磷、氮的需要增加,此时小麦正处于出苗期,对磷、钾的需要量较小,同时在小麦播种时一般已施足肥料,故缓解了肥水竞争的矛盾。一般年份,10 月下旬枣树开始落叶,此时正是小麦冬前旺长期,因而又为小麦生长提供了良好的光照条件。

枣粮间作的另一个优点就是能使间作物增产。主要是枣树发芽晚(4 月中下旬),落叶早(10 月中旬)且叶面积小,对间作物遮光率相对较小。同时在北方干旱地区,进入 5 月下旬以后,由于空气湿度极小,常造成干热风,这样容易使小麦早衰,导致减产。如与枣树进行间作,由于枣树蒸腾作用提高了园区的空气湿度,同时由于枣树的防风作用也减轻了干热风的为害程度,进而达到使间作物增产的效果。

(二)栽植时期

枣树的定植时期一般分为秋栽和春栽。天津地区多采用春栽,以发芽前后即 4 月上中旬为最佳时期。我国民间有"枣栽鸡嘴"和"椿栽骨朵枣栽芽"等说法。《齐民要术》中也有"候枣叶始生而移之"的记载。这些都可以说明枣树在发芽期进行栽植效果最好。此时栽植枣树,根系贮藏的养分已运至苗木体内,但尚未放叶消耗,土壤温度回升较快,如栽后覆膜则回温更快,地温升高有利于根系伤口的愈合,并产生新根,以利成活。秋栽时间一般为 10 月中下旬。

（三）栽植行向

枣树栽植的行向不仅直接影响枣树本身的生长发育,同时也会影响间作植物的生长状况。南北行向栽植的枣树其冠下积光量大于东西行向栽植冠下的积光量。同时,南北行向栽植的枣树,南北两侧受光时间差异小;而东西行向栽植的枣树,南北两侧受光时间差别较大。行向的不同不仅影响受光时间,同时也会造成受光量的不同。从枣树本身栽植的需要来看,以南北行向为最好。

另外,枣树栽植的行向对间作植物的影响很大,南北行向栽植的枣树其行间的作物受光较充足。即使冠下的作物也会得到部分光照,而东西行向的近树冠北侧的作物则受光量极小。因而,不论是采用纯枣园还是枣粮间作,行向都以南北为最好。

（四）定植技术

要达到高成活率并使成活的枣树生长健壮,定植时应做到大坑、重肥、壮苗。

1. 大坑

定植穴要求达到 80cm 见方,春季栽植的树坑也要在封冻之前挖好。

2. 重肥

挖好定植坑之后,及时施入肥料,一般要求每坑施圈肥、堆肥等有机肥 30 kg,过磷酸钙 1 kg,与表土掺匀后进行回填,填土高度以距地平面 20 cm 为宜,然后灌好封冻水,使其沉实。

3. 壮苗

建园一定要选用优质的一级枣树壮苗,并且要求品种纯正,不带病虫。嫁接苗接口愈合良好,愈合面积超过接口的 70% 以上。并且应尽量做到选用当地生产的苗木,因为枣树苗木本身含水量很低,极易在起苗、装苗和运苗过程中损失掉,因而,外地的一级壮苗在调往定植地的过程中,常因水分的散失,使苗木质量受到很大影响,成活率降低,或苗木长势较弱。如必须选用外地苗木时,应在苗木调到定植地后,将其整体或根部放入清水中浸泡 12 小时,使苗木充分吸足水分,这可有效地提高成活率。

定植时,除认真做好上述各项工作之外,还应认真把握以下几点。

(1)认真处理好栽植苗木:苗木在定植前应先对根系进行修整,对过长的根系、受伤的根系进行修剪,然后将地上部所有的二次枝留 1 cm 左右进行剪截,苗木留 80 cm 进行定干。在定植前用 ABT 生根粉 3 号 500 mg/kg 浸根 5 分钟。

(2)注意栽植深度:一般要求栽植的深度以原土印为好,最深不能超过原土印 3 cm。栽植时力求做到树体直立,并且要求行内一定要直。

(3)浇足水:栽植后应及时进行浇水,有条件的果园最好先做好树畦,然后大水分畦灌溉。应当一次浇足水,不可少量多次。

(五)栽后管理

俗话说"三分栽、七分管",因此,枣树栽植后应加强管理。

1.覆膜增温保墒,促使发根生长

枣树栽植的当年,由于管理不善常出现迟迟不发芽的"假死现象",称之为"枣树当年不发芽不算死"。出现这一现象主要是由于北方干旱地区春季干旱多风,易造成所栽枣树大量失水而致。解决的方法就是,栽后及时灌足水,待水渗入土壤之后,及时松土,然后用塑料薄膜覆盖树盘。这样做既可有效地起到保墒作用,同时也可起到提高地温,促进早生根、快生长的目的。具体操作时以枣树为中心用一块 1 m 宽的塑料膜顺行向覆盖树盘。

2.做树畦,营造保护行

定植后,应及时做好树畦,即沿枣树行向两侧起埝,畦内宽度为 1 m,土埝宽 30 cm、高 20 cm,要求踏实。做好树畦,既便于对枣树的管理,如中耕、浇水、除草、病虫害的防治等田间作业,同时也起到对幼树的保护作用,可有效地避免农机在田间作业时对幼树的损害。树畦要随着树冠的加大而逐年加宽。

3. 适时进行肥水管理

为促使新植枣树加速生长,当新梢长到 10~15 cm 时,结合浇水或利用雨后开沟追肥,一般每株施尿素 0.1 kg,以保证新植树生长发育对养分的需求。同时应注重对新植幼树病虫害的防治工作,特别是对枣瘿蚊、黄刺蛾、红蜘蛛等害虫的防治。结合防治害虫可加入 300~500 倍的尿素或磷酸二胺等肥料进行叶片喷施,以促进幼树的生长,一般要进行 3~4 次。

三、高接换种

由于长期栽培品种产生变异的缘故,目前各地栽植的枣树,质量差异相当大。就金丝小枣而言,在天津静海就有几十个表现型,其果实的大小、形状都有很大的差异,通过对内含物的测定得知,其差异也相当大。收获的枣产品,外观整齐度差,因而大大降低了其商品价格,影响了枣农的经济收入。为有效地解决好这一难题,使同一块枣园的果实在外观上达到整齐一致,近年来,我们采用高接的方法进行品种改良,效果十分显著。

(一)嫁接前的准备

在高接换头时,首先要进行改接园的选定。应注重选择那些品种混杂、良莠不齐、经济效益差的枣园。同时,由于采用高接需利用原树的骨架,因此一般树干较高,所以最好嫁接一些制干的品种,这样便于今后采收。如接上鲜食品种,应注意留矮小树冠,否则收获采果时极为不便。较理想的制干品种有金丝新四号、无核小枣,较理想的鲜食品种有马牙枣、冬枣、马奶枣等。同时对所需的接穗应在 4 月 5 日至 10 日进行采集,并且封蜡后低温贮藏备用。

（二）高接的时间及方法

采用高接换头更新技术，最佳的时间是在改接园枣树发芽之后进行。枣树发芽后，形成层活动旺盛，此时嫁接既便于操作，成活率又高。

高接换头最佳的嫁接方法是采用皮下接。此法操作简便，功效快，成活率高。在嫁接时应注意，尽量压低嫁接的接口，减少嫁接的枝条数量。这样既便于操作，又有利于接后的管理。2005—2007 年静海林业局主持完成了天津市农业推广项目《冬枣优质丰产栽培技术》。其间创新研发了枣树嫁接改良新技术，即在高接换头时，利用较细的分枝进行嫁接，采用切接法，用 0.008 mm 的塑料薄膜绑缚接口，成活率高，不易风折，不用设立支柱，省时、省工，效果极佳，推广应用面积超过 1 万亩。

（三）接后管理

枣树在高接换头之后，应首先注意及时抹芽。由于嫁接之后，接穗与砧木之间在短时间内不能愈合，因而接穗上的芽子不能及时萌发。但由于去掉了很多大枝，使树体营养相对比较充裕，这样就促使砧木上大量的隐芽萌发。如不及时去除，就会使之形成大量的枣头，从而消耗掉树体贮藏的大量的养分，导致接穗和砧木的接口因养分不足而愈合缓慢或不能愈合，进而影响嫁接的成活率和成活后的生长量。一般需抹芽 3~4 次。

接后管理的另一个重要环节是绑缚新梢。高接后，因树体养分充裕，新梢生长很快，并且生长量很大。一般当年嫁接的新梢长度可达 1~1.5m。由于新梢生长快，又因高接所处位置较高，因而最易遭受风害。近年来天津地区的部分高接枣园，由于接后没有做到及时绑缚或绑缚得不牢固，从而造成大量的折梢或从嫁接口裂断的现象，给生产造成极大的损失。在绑缚时应选用较为坚固的木棍或竹杆，长度一般在 80~100 cm，粗度在 1.5~2 cm 之间。绑缚时先将木棍或竹杆绑在砧木上，必须绑两道。对新梢的绑缚应分两次进行，第一次是在新梢长度达到30 cm左右时进行,第二次是在新梢长度达到60~80 cm时进行。

枣树在高接之后,还应注意及时解除接口处绑缚的塑料薄膜。否则会因塑料薄膜的禁固而影响接穗的加粗生长,从而影响新梢的正常生长,并易造成风折。在新梢长到20 cm左右时,割断接口上方的塑料薄膜。

嫁接后的另一项管理工作就是对生长量过大的新梢进行摘心。一般在新梢长度达到80 cm时进行摘心。其主要目的是控制新梢的加长生长,促进新梢的加粗生长,同时促进主梢上二次梢的加长生长,使其生长健壮。这些二次枝一般在第二年就可长出健壮的枣吊,形成花芽并结果。

高接后的树,在正常进行肥水管理和病虫害防治的前提下,一般于第二年发芽前进行常规修剪,并去掉绑缚木棍或竹杆。

四、酸枣改接技术

蓟县山区酸枣资源极其丰富,沟谷、缓坡、山梁随处可见,生长茂盛。长期以来野生状态下生长的酸枣仅部分果实采收利用,大部分被荒弃或砍伐做柴草,资源浪费严重。酸枣改接大枣技术是酸枣资源最有效利用的方法之一,变废为宝,既充分利用了山地资源,提高了经济效益,又改善了山区生态环境,在山区综合开发、果树发展中起到了积极作用。

(一)枣品种的选择

酸枣资源多分布在蓟县山区,土质瘠薄、干旱缺水,受有效积温和无霜期制约不适宜发展极晚熟和大果型的枣品种。通过对几个优良枣品种生物学特性、适应性等对比观察,从中筛选出适宜酸枣改接的品种——蓟州脆枣。蓟州脆枣均为中等果,适应性强,果实质地松脆,可溶性固形物含量高,鲜食性状优,9月下旬成熟,鲜食性状相当于冬枣,但成熟期优于冬枣,市场前景好,适宜大面积发展。

(二)嫁接技术

1. 砧木选择

酸枣靠根蘖繁殖,丛生、群生较多,密度大,生长无序,嫁接利用中必须实施计划改接。在立地条件好的地方株距确定为 2~3 m;在条件差的地方按 1.5~2 m 株距确定嫁接株,做好标记。在定好嫁接株后进行清株、清除酸枣余蘖及周围其他灌木,只留准备嫁接的单株,重点培育管理。另外在酸枣树体利用上要做到"三不接",即瘠薄荒坡上不接、黑皮老化的不接、枣疯病株周围 30 m 以内的不接。

2. 嫁接方法

树体萌动前,从树体健壮、芽眼饱满、无病虫害的枝条采收接穗,修剪打捆于阴凉处沙藏。在嫁接前一天或当天起出种条,清水浸泡 8~12 小时,按 1~3 芽一根剪好接穗,蜡封并及时嫁接。

选好嫁接时间。枣树属干果类,由于根系需要较高地温方能萌动,因此比其他果树发芽晚。在树体水分未流动前嫁接成活率极低,必须在树体水分、养分开始流动后、芽眼萌动前进行嫁接才能保证较高成活率。天津地区一般在 4 月底至 5 月初嫁接为好。

酸枣嫁接亲和力好,一般采用硬枝切接、皮下接或劈接等方法,成活率达到 90%~95%。

3. 配套管理技术

由于嫁接打破了原有的生理平衡,增加了营养需求,如果管理不善,必然造成营养失衡,枝条停长,植株衰弱,甚至死亡,所以后期管理尤为重要。

(1)除萌除草:接穗发芽后,要及时除掉酸枣下部的萌蘖及杂草,以提高成活率,保证嫁接品种正常生长。

(2)蓄水增肥:嫁接后的酸枣树必须采用鱼鳞坑或坝台方式蓄水、增肥,确保树体生长发育与营养供应。

在沟谷坡地上生长的酸枣,与其他荒草灌木共生。改接后的大枣树,在树冠周围 1 米范围内进行整地刨埯,疏松土壤,拦截雨水。为改善枣树生长环境,当年可在夏季将杂草灌木割二三次,覆盖于枣树根部,发挥其保水作用。

(3)树体管理:为保持树势,不使枣树生长过多徒长枝或过量结果,使树体早衰,从第二年开始就要通过"剪、控、堵、放"的管理技术(即对生长较旺的树体,剪除徒长枝,控制枣头过旺生长,刺激坐果;对于树势较弱、生长缓慢的弱树,采取短截结果枝,长放营养枝等措施,调节营养平衡),人为控制树冠过旺生长,把结果量限制在一定水平上,使营养生长与结果相结合,达到延长枣树结果年限的目的。

第五章　土肥水管理技术

一、土壤管理

根系是枣树的营养器官之一，与地上部分共同构成互为依存的有机整体。因此，枣树的产量不仅与地上部分的生长情况有关，同时也与根系的活动强弱有关。根系活动的强弱与土壤的水、肥、气、热等条件密切相关。枣园土壤管理的目的在于改善土壤的理化性状，创造适宜根系生长的环境条件，促进根系健壮生长，以充分发挥肥、水在枣树增产中的效能，故土壤管理十分重要。

（一）耕翻土壤

耕翻可以疏松土壤，增加土壤透气性，提高地温，有利于根系发育。耕翻时切断了部分细根，促发了新根，故可增加吸收根数量，提高根系吸收肥水的能力。在北方干旱枣区，多于初冬时耕翻，此时耕翻可以拦蓄雪水、雨水，兼有消灭越冬害虫的作用，如枣步曲和桃天蛾的蛹、桃小食心虫和枣瘿蚊的越冬茧、食芽象甲的越冬幼虫等，被翻至地面，可经低温冻死或被鸟禽吃掉。耕翻深度为 15~30 cm，近树周围宜浅，以不伤大根为度。冬春季节刨翻树盘内土壤，也能起到耕翻土壤的作用。群众总结说：土壤耕翻好，有雨能渗下，有墒跑不了，水土相结合，枣树长得好。凡不做育苗用的根蘖，宜结合耕翻土壤刨除，以节约树体营养。

（二）中耕除草

杂草在生长过程中从土壤中吸收大量水分和营养，因而与枣树的矛盾较大。通过中耕铲除杂草，疏松土壤，不但改善了土壤的理化状况，也节约了大量的营养和水分。北方春、夏季多干旱，中耕锄松土表利于保墒。这是因为土壤水分是通过土壤毛细管蒸发、扩散到大气中的，锄松土表时切断了土壤毛细管，切断了水分向大气中蒸发的主要通道，使上升的土壤毛细管水分停留在松土层，从而提高了表土层的墒情。因此，浇水和降雨后也应及时松土。

（三）间作绿肥

间作绿肥既可以经济利用土地，节省锄草的人力，又能提高土壤肥力。绿肥的根系留在土壤中，还可以改良土壤。集约经营的枣园，可在枣树行间播毛叶苕子、箭舌豌豆、草木樨、绿豆、黑豆等；零星枣周围及幼林地内，可种多年生绿肥紫穗槐、沙打旺、苜蓿等，为枣树提供有机肥料。

（四）枣园覆草

密植园可全园覆草，枣粮间作园可在树行内进行覆草。经天津静海林业局测定，枣园覆草可减少地面 60% 的蒸发量，提高土壤含水量 10% 左右，同时长期覆草，由于覆草后经过雨季一般会烂掉，因而可有效地增加土壤有机质的含量。覆草厚度一般在 15~20 cm 为宜，主要以麦秸和杂草为主，每亩用量 1 500~2 000 kg。覆草时间应在春季施肥浇水之后，一般在 4 月下旬至 5 月上旬进行。

二、施肥

（一）基肥

1. 肥料种类

有机肥是农家肥料的总称，常用的有机肥为圈肥、厩肥、人粪尿、绿肥、土杂肥、饼肥等。有机肥料必须经过腐熟后才能转化为无机态的速效养分，才能被枣树根系吸收。有机肥如不经腐熟过程直接施入枣树根部,可能烧伤根系,严重时导致枣树死亡。这是由于有机肥料在土壤中进行腐熟,会产生大量热量,灼伤了枣树根系。有机肥在施用前经过腐熟,可利用腐熟过程中产生的大量热量,将有机肥料中的草杆、病菌、寄生虫卵杀死,防止杂草和病菌的传播。

2. 施肥时期

枣树基肥自秋季至第二年春均可施用,但以秋季施用最好。这是因为秋季枣树根系活动仍较旺盛,地温也较高,施肥时所伤根的伤口易愈合,并能发出新根,促进根系对养分的吸收。秋施基肥时,加入一些速效氮、磷、钾肥料,有利于增强叶片光合作用,延长树体光合时间,增加树体贮藏营养。再者,秋季施入的有机肥经秋、冬、早春的进一步分解,可使有机养分不断转化为有效养分,及时供萌芽及开花坐果之用。

3. 施肥方法

枣树施肥方法主要有放射状沟施、环状沟施、条状沟施、全园或树盘内撒施等。

(1)放射状沟施:又叫辐射状沟施。即以主干为中心,距主干30~50 cm 向外挖 4~6 条辐射状的沟,长达树冠外围 1m 左右,宽度一般为 30~40 cm,深 20~40 cm,挖沟时近树干处浅些,以免过多伤根。1~3年生的小枣树,挖沟时一般距树干 20 cm,辐射沟宽 25~30 cm,深15~20 cm 为宜。随着树冠的加大,逐渐加大距树干的距离,并加宽、加深施肥沟。成龄树一般沟距树干 50 cm,沟宽 40~50 cm,深 20~40 cm,长度依冠径大小而定。

(2)环状沟施:也叫轮状沟施。即沿着树冠外围挖一圆圈形施肥沟。一般 1~3 年幼龄枣树不宜用此方法,这是因为枣树水平骨干根浅,分枝少,长度常超过冠径 2~3 倍,切断和损伤根量较大,可直接妨碍树体的生长发育枝。大树采用此方法时,一般挖深、宽各 40 cm 左右的沟,施入基肥后与表土拌匀,上面覆盖一层土,随后修好树盘,以便浇水和其他田间作业。为诱导根系向外扩展,扩大根系的分布和吸收范围,施肥沟应逐年外移。同时,为使根系集中分布的冠下土层保持较多的养分,在采用此施肥法时应每隔 2~3 年插用一次辐射状沟施,效果更好。

(3)条状沟施:又叫井字形沟施。此方法是在肥料不足、劳动力紧张或枣粮间作地上使用的。即在树冠下以树干为中轴顺树行挖两条对称的施肥沟,沟深一般为 30~40 cm,宽 40~50 cm,长度视树冠大小和肥量而定。第二年再与树行垂直的树两侧挖相同的施肥沟进行株间轮换施肥。采用此法时应注意逐渐向远离主干的外围扩展。

(4)全园或树盘内撒施:对于全园已经郁闭的纯枣园或采用枣粮间作形式栽植时留出的树行或树盘,可采用全园或整个树行(树盘)撒施有机肥的方法。即将有机肥均匀地撒在整个枣园或树行、树盘,然后利用农机或人力对土壤进行耕翻,深度一般为 20~30 cm。注意:近树干处要少施肥、浅耕翻,以免损伤根系,同时应注意耕翻后要使地面平整。

环状沟施法　　　　放射状沟施法　　　　　条状沟施法

图 5-1　施肥方法

4. 施用量

施肥量的多少主要依据树龄大小、树势强弱、结果量以及土壤立地条件而定。一般原则是:结果多、生长势衰弱、老龄树应适当多施基肥,幼树、生长旺盛的树、结果量小的树适当少施基肥;瘠薄地、沙壤地应适当多施,以提高土壤肥力,复壮树势;土壤肥沃,可适当少施基肥。生产实践中人们摸索出一套适宜枣树生长、丰产的施肥指标:一般 1~3 年生的幼树,每年每株有机肥的施入量为 10~12 kg;4~8 年生的初结果树,每年每株施有机肥 20~50 kg，混入过磷酸钙 1~2 kg，尿素 0.2~0.5 kg（或同等含量的复合肥）；8~10 年生的初盛果期的树，每株施入有机肥 50~100 kg，另外还要加入一定量的速效化肥，施入量应依当年可达到的产量而定，一般每生产 100 kg 鲜枣，全年施纯氮 1.6~2 kg、五氧化二磷 0.9~1.2 kg、氧化钾 1.3~1.6 kg，其中有机肥应占 1/5~1/3，以维持和提高土壤有机质和微量元素的含量。

（二）追肥

1. 追肥时期

追肥是指在枣树的生长季节进行的追加施肥。它是及时补足枣树生长发育过程中营养缺乏，促进枣树生长发育，保证产量和质量，保持树势健壮的有效途径，是枣树周年管理的重要环节之一。根据枣树物候期的特点，追肥主要分 3 个时期。

（1）萌芽前（4 月中下旬）：此次追肥以氮肥为主，适当配合磷钾肥。其作用是使枣树萌芽整齐，枝叶生长健壮，有利于花芽分化。对于基肥施用不足或树势衰弱的枣园，这次追肥尤显重要。

（2）花期（5 月下旬至 6 月上旬）：此次追肥以氮磷钾配合施用。此次追肥的作用是促进开花坐果，提高坐果率，避免因物候期重叠养分竞争剧烈导致大量落花、落果。

（3）果实迅速生长期（7 月底至 8 月初）：在果实生长期，追肥以氮磷钾肥配合施用，适当提高钾肥施用量。其作用是有利于果个增大和光合作用，提高果实含糖量，增加果实品质，有利于提高树体贮藏养分。

2. 追肥的方法

在枣园追肥时应依据肥料的种类而选择相应的方法，以便提高肥料的利用率。如氮、钾素肥料在土壤中的流动性较大，不会被土壤固定，施肥时可以开 10 cm 左右的放射状浅沟施入，也可在树冠下均匀地挖 10~20 个（依树冠大小而定）深度为 10 cm 左右的小穴施入；氮素肥料溶解速度快，也可直接均匀地撒于地表，然后及时浇水，肥料遇水溶解后随水渗入 10~20 cm 的土层中。而磷素肥料,流动性较差,并且容易与土壤中的铁、钙等物质结合形成不溶性的磷化物而被固定,枣树根系不能吸收利用,因此,磷素化肥,如过磷酸钙、磷灰石粉、骨粉等,应结合基肥施入,以便借有机肥分解时产生的有机酸加大磷肥的溶解度,防止被土壤固定。在施用磷酸二铵、磷酸二氢钾等含磷素化肥时一定要注意施肥的深度,一般要求深度在 20 cm 左右为宜。同时在追肥时,应尽量选用氮、磷、钾及含多种微量元素的复合肥,这样不仅能满足枣树生长发育所需的各种营养,同时也可有效地减少施肥次数,以提高工效。

3. 施肥量

枣树一年内的追肥量应根据树龄大小、产量的高低以及土壤状况而定。生长在壤土或黏壤土的幼树,每年只追一次,每株施肥量为 0.1~0.5 kg 的尿素,缺磷的土壤改用 0.2 kg 的磷酸二铵。保肥力差的沙壤土上的幼树,一年应追肥两次,每次 0.3kg 尿素或 0.2 kg 的磷酸二铵。结果量较大的幼树,一年内应追三次肥,第一次在 4 月中下旬,每株施尿素 0.2 kg;第二次在 5 月下旬至 6 月上旬,每株施尿素或磷酸二铵 0.3 kg;第三次在 7 月底至 8 月初,每株施磷酸二铵 0.5kg。盛果期的大树每年施肥三次,第一次在 4 月中下旬,每株施尿素或磷酸二铵 1 kg;第二次在 5 月下旬至 6 月上旬,施氮、磷、钾素复合肥 0.5~1 kg;第三次在 7 月底至 8 月初,每株施氮、磷、钾素复合肥 1 kg。

4. 追肥方法

追肥一般采用穴施、撒施。穴施即在树冠下挖 10 余个小坑,施入肥料,然后盖上土。撒施即对尿素等速溶性氮肥,将其撒入树盘,马上浇水,肥料可借水逐渐下渗,被根系吸收。追肥的施用深度应依化肥性质而定,在土壤中易移动的肥料如氮肥和钾肥,可以浅施,施肥坑深度为 5~10 cm。对于过磷酸钙等在土壤中不易移动的肥料,应集中施在根系分布区,增加根系与肥料的接触机会,减少土壤对养分的固定,以提高肥料利用率。

(三)叶面喷肥

叶面喷肥是将配好的液体肥料均匀地喷布在树冠的枝叶花果上,以补充树体营养的不足,满足枣树不同生育期对营养的需求的施肥方法。叶面喷肥简便易行,具有省肥、省水、省工、肥料吸收快和利用率高的特点,投资少,效果好。喷肥后肥液在短时内可通过气孔直接吸收到叶片内。据观察,喷尿素后2~3天,叶片绿色明显加深,叶绿素含量提高,光合作用增强,光合产物增多,对枣树生长结果效果很显著。叶面喷肥,肥效持续时间短,不能代替土壤施肥,只能作为一种土壤施肥的补充。

1. 喷肥时期

就整个生长季而言,从枣树的叶幕基本形成时就可以开始进行,一般自5月中旬开始,一直到10月上旬。这段时间内一般每隔15天喷一次,全年可进行叶面喷肥8~10次。

2. 喷肥方法

进行叶面喷肥时,应注意要将化肥充分溶化并调匀之后再喷。喷雾时,应注意叶背面要多喷,因叶背面的气孔比叶正面多,吸收量大。喷肥时应力求喷雾均匀一致。叶面喷肥适宜时间是上午10时以前和下午4时以后,选择无风或微风天进行,这样可有效地避免因高温使肥液浓缩而产生肥害。早晨喷肥时,一定要等露水干后再喷,以避免肥液滴落造成肥效降低。另外,在进行叶面喷肥时还应特别注意,不要把酸性和碱性的肥料、农药混合在一起施用。这样会降低药效和肥效。

3. 喷肥种类和浓度

采用叶面喷肥时,肥料的种类应依不同生育期加以选择。一般情况下,在长枝、展叶和花蕾生长期(5月份)喷施肥料以氮素肥为主,主要喷施尿素;在花期和幼果期(6月份)主要喷硼、氮混合液,生产上通常喷硼沙和尿素;在果实生长期和根系生长高峰期(7~8月)主要喷施磷酸二铵或磷酸二氢钾;生长后期(9~10月上旬)主要以氮素肥为主,常喷尿素。钙肥在枣果发育中的作用非常大。枣树每年对钙的吸收高峰期有 3 次,分别在花后 20 天、果实膨大期(7 月)、采果前 30 天。一般年度内 3 个补钙高峰期应各喷施 1~2 次过磷酸钙或氨基酸钙。

在实施叶面喷肥时,肥液的浓度应依所选用的肥料的品种而定:一般来讲不同品种之间喷肥的浓度相差较大,在生产中一定要注意把握,以免浓度过高造成肥害或浓度太稀不能发挥肥效。

表 5-2　枣园常用的叶面肥喷施表

肥料名称	喷施浓度	喷施时期	作用
硫酸锌	0.2%~0.4%	春季生长发育期	预防小叶病
硫酸亚铁	0.3%~0.5%	春季生长发育期	预防黄叶病
尿素	0.2%~0.3%	生长前期	促进枝叶的生长
磷酸铵	0.3%~0.5%	生长前期	促进枝叶的生长
硫酸铵	0.3%	生长前期	促进枝叶的生长
硼沙	0.2%~0.3%	花期	促进授粉受精,提高坐果率
硼酸	0.1%~0.3%	花期	促进授粉受精,提高坐果率
磷酸二氢钾	0.2%~0.3%	生长后期	促进果实的发育
氨基酸钙	0.2%	花后 20 天	促进果实的发育
过磷酸钙	1%~3%	花后 20 天至采果前 30 天	促进幼叶和果实发育

(四)无公害枣园肥料使用

肥料的合理施用可以提高枣果的产量和品质。若肥料中的一些污染物含量过高,会造成土壤与农产品中有害物质超标,达不到无公害农产品的安全质量标准。无公害枣园肥料使用应参照《肥料合理使用准则　通则》等国家相关标准和规范的要求。

1. 允许施用的肥料

允许施用的肥料有三类:一是有机肥料,包括无害化堆肥、沤肥、厩肥、沼气肥、绿肥、秸秆肥料、泥肥、饼肥、腐殖酸类肥、人畜废弃物加工而成的肥料等;二是无机肥料,包括氮肥中的硫酸铵、碳酸氢铵、尿素和硝酸铵钙等,磷肥中的过磷酸钙、重过磷酸钙、钙镁磷肥、磷酸一铵和磷酸二铵等,钾肥中的硫酸钾、氯化钾和钾镁肥等,微量元素肥料中的硼沙、硼酸、硫酸锰、硫酸亚铁、硫酸锌、硫酸铜和钼酸铵等;三是其他肥料,包括上述有机肥料和无机肥料为原料制成的符合国家相关标准并正式登记的复混肥料、国家正式登记的新型肥料和生物肥料。

2. 禁止使用的肥料

禁止使用的肥料包括有害的城市生活垃圾、污泥、城乡工业废渣以及未经无害化处理的有机肥料,不符合相应标准的无机肥料,未经登记使用的肥料,忌氯作物禁止施用含氯化肥。

3. 限量使用肥料

一是氮肥。非水源保护区的具体地块可根据测土结果、果树需肥规律、一定目标产量下的氮肥效应,以及果品允许的最高硝酸盐含量,调整用量。无机氮与有机氮最好按1∶1的比例,并配合磷、钾及中微量元素施用,不得单一使用氮肥,果树生长中后期,不得偏施氮肥。二是作物秸秆。秸秆直接还田要注意调节炭氮比为30∶1左右。如果土壤无机氮素含量不足以调整施入秸秆炭氮比值,则需要加入一定的氮肥,以满足微生物分解有机碳所需的氮量,避免与果树争氮而导致的氮不足。三是氯肥。可做基肥或追肥,用在果树生长的中后期,在苗期应少用或不用。无灌溉条件下的旱地、排水不良的盐碱地和高温干旱季节以及缺水少雨地区不用或少用含氯化肥。

三、浇水与排涝

(一)浇水

枣树虽然耐旱,但水分过少时,也会直接影响树体的生长和发育,出现根系生长停滞,吸收能力降低,光合作用减弱,枝叶生长减慢,落花、落果严重,果实发育不良等现象。经测定,枣树在枝叶生长期、开花坐果期和果实成熟期,都要求土壤具有较高的湿度,在这段时间内枣园

60 cm 以上土层的含水量应保持在 14% 以上。水源不足的地区或地块要进行枣园覆草或覆膜。浇水一般结合施肥进行,遇到旱情严重时再单独进行。

1. 催芽水

北方枣产区一般于 4 月中下旬进行,在浇水之前施好催芽肥。此时浇水,能补充土壤水分,促进根系的生长和发育,使枣树发芽快,发芽齐。据观察,早春浇水地块的枣树比旱地枣树一般早发芽 5 天左右,由于水分充足,也促进了根系对土壤中营养物质的吸收和地上部的生长和发育,使枣吊加长,叶片增大,花器官发育健壮。

2. 助花水

北方枣树园一般 5 月底 6 月初进入开花期,此时多数年份正值干旱时节,易受干热风为害,使柱头干焦,形成"焦花",而且枣树花量极大,开花、授粉、受精需要大量的水分,因此一定要及时浇水,同时还应在盛花期进行树冠喷水,以增加空气湿度,防止"焦花"现象的发生。

3. 促果水

北方枣园进入 7 月中旬,枣树幼果进入迅速生长期。这一段时间正值北方进入伏天,天气炎热,树体水分蒸腾量达到全年的最大值。因此,需水量最大,如这段时间内无有效降雨,应及时浇水。如到 8 月上旬仍无有效降雨,应及时再灌一次水。如不及时浇水,土壤含水量偏低,对地上供水不足,这时叶片会从幼果中争夺水分,从而造成幼果萎蔫,使果实生长受到抑制,果肉细胞膨压降低,幼果果肉变软,叶片变黄,并有幼果和叶片脱落的现象。

4. 封冻水

北方枣产区,封冻水一般在 11 月中旬进行,即在土壤封冻之前进行。目的是增加土壤的含水量,提高土壤的热容量,从而达到增强枣树抗寒的能力,防止枣树受冻害。同时,此时浇水,还有助于消灭在土壤中越冬的害虫。

上述各时期浇水,如水源充足,可实行畦灌(树盘漫灌),密植园也可在清扫果园后进行全园漫灌。浇水量应以湿透根系主要分布层的土壤为宜,一般要求 60 cm 的土层内含水量达到田间最大持水量的 65%~70% 为宜,即每亩浇水 60~80 m³。浇水后要及时松土保墒。

(二)排涝

枣树与其他果树相比虽然耐涝,但地面上长期积水则会严重影响土壤的透气状况。积水时间较长,水充满了土粒间的空隙,造成土壤中严重缺氧,迫使根系进行无氧呼吸,积累酒精(乙醇)使蛋白质凝固,导致根系死亡,消弱树体地上部分的生长势,严重时造成落叶、落果,甚至整株死亡。天津静海的大邸庄乡 1963 年洪水泛滥,地面积水时间长达 120 天,造成该乡枣树 1964 年全部未发芽,1965 年 70% 的枣树重新发芽,而 30% 的枣树死掉。因此,枣园积水后应注意及时排水。

第六章 整形修剪

枣树是一种长寿的果树,喜光,生长期长,结果期长,一般嫁接 3 年之后就有一定的产量,百年老树照样结果。在漫长的生长期中,枣树的修剪十分重要。

一、整形修剪的特点

枣树枝叶生长和花芽分化与其他果树相比有诸多不同之处,具体如下。

(一)当年成花,花量大,花期长

大多数果树花芽都是在上一年分化形成的,在冬剪时依据所定产量必须确定好留花量,以减少果树因开花坐果而消耗大量树体营养现象的发生。而枣树的花芽是当年分化当年开花结果的,并且花量极大,花期长,同时还可以多次分化并结果,在正常管理的情况下,没有大小年结果的现象。所以在修剪时十分方便,不必考虑留花量的问题。

(二)结果枝组易于培养

着生于同一枣头主轴上的若干个二次枝,组成一个结果单元,即为结果枝组。小型结果枝组有 3~5 个二次枝,大型的结果枝组二次枝的数量可达 20~30 个。对单轴延伸多年的枣头,摘心或冬季剪去顶芽可形成大型的结果枝组。结果枝组形成后较为稳定,生长量很小,连续结果能力很强,可连续十几年结果。当结果枝组衰老时,可部分或全部疏除,利用新生出的枣头代替,更新工作十分简便。

（三）修剪量小，易于控制

幼年枣树枣头生长数量多，长度长，这段时间以扩大树冠为主，结果量较小。进入大量结果以后，枣头的发生数量明显减少，枣头的抽生长度也较短，所以生长与结果之间的矛盾较为缓和。修剪时，只要注意骨干枝的培养，对结果枝组的数量、密度及枝龄加以调控，同时按从属关系平衡各级枝系的长势即可，修剪技术较易掌握。

二、适宜的树形

通过生产实践得出，枣树丰产树形应具有以下特点：一是主干矮，枝量多，树冠大。密植纯枣园干高一般以 50~80 cm 为宜，而枣粮间作时，为便于田间作业应适当高些，一般以 1~1.4 m 为宜。要获得较高的产量，一般枝量要大，整个树冠要大，鲜食枣采用密植的情况除外。二是主枝粗壮，数量适当。一般全树主枝数量以 7~9 个为宜，要做到大枝稀、小枝密。三是角度开张，通风透光。一般主枝和侧枝的开张角度为 50°~60°，这样树体的通风透光性能良好，便于光合作用。生产中常用的树形有以下几种。

（一）主干疏层形

适用于成枝力弱、层性明显的枣树品种，如金丝小枣、灰枣、无核枣、鸡心蜜枣、板枣、圆玲枣等，最适于制干品种。它容易培养，产量也高，适于枣粮间作和纯枣园应用。干高一般为 1~1.4 m，因栽种方式不同而异，纯枣园干高 1~1.2 m，充分利用下部枝条扩大树冠，提高产量；枣粮间作干高 1.4 m 左右，以便冠下作业。全树高 5~6 m，有三层主枝。第一层主枝 3~4 个，用 1~2 年枝选留培养，展角为 50°~60°，逐渐加大到 70°~80°，每个主枝留 2~3 个侧枝，间距 60~70 cm。第二层主枝 2~3 个，与第一层间距 1.2~1.5 m，展角 50°~60°，每个主枝培养 1~2 个侧枝。第三层主枝 2 个，与第二层间距 1~1.2 m，展角为 30°~40°，不培养侧枝。第三层以上可留中心干,也可去除开心。结果枝组按同侧间距 50~60 cm 培养一个,长度为 60~150 cm,由所在的位置空间和光照状况而定。每层枝的叶幕厚度控制在 60 cm 左右,层间通风透光。全树结果母枝为 3000~4500 个。8~10 年完成整形。

(二)开心形

适用于制干品种,干高 1~1.4 m,树高 5 m 左右,主枝一层 3~4 个,展角 30°~40°,树冠中心不留主干。每一主枝的侧外方留 1~2 个侧枝,结果枝组均匀分布在主侧枝上。树冠结构紧凑,透光性好。全树结果母枝 3000~3500 个,适用于树冠中等大、发枝力较强的品种。7~9 年完成整形。

(三)小冠疏层形

适用于早实丰产性的鲜食品种,树冠小、紧凑,便于管理和手工采摘。株行距为 (1.5~2)m×(3~4)m,干高 50~60 cm,树高 2.5~3 m,主枝两层,全树呈下大上小透光良好的圆锥形。第一层主枝 3~4 个,长 1.2~1.5m,展角 60°~70°,每主枝留一个侧枝。第二层主枝 2~3 个,长 1~1.2 m,与下层主枝间距 80~100 cm,展角 45°左右,不留侧枝。第二层主枝以上保留中干,长 1~1.2 m。主侧枝和中干上培养结果枝组,同侧间距 40~60cm,每个枝组长 30~80 cm,长短依空间参差排列,主侧枝背上的结果枝组的高度要控制在 30~40 cm 以内。全树常年保留结果母枝 1 000 个左右,留枝密度每立方米空间 120 个左右。4~5 年完成整形。

(四)纺锤形

适用于早实性强,采用高密植的鲜食品种,成形快,前期产量高,便于手工采摘。适用于株行距 (1.5~2)m×(2.5~3)m,主干高度 50~60 cm,具健壮的中央领导干。在中央领导干上均匀分布 12~15 个主枝,展角 70°~90°,主枝长度为下层长(一般 1~1.5 m)、上层短(一般 0.5~1 m),主枝不分层,呈螺旋式向上排列,近似于水平状向四外伸展,同侧的上下间距为 30 cm,主枝上不留侧枝,直接着生中小型结果枝组。全树长年保留的结果母枝量在 800~1000 个之间。3~4 年完成整形。

三、修剪技术

枣树修剪比较简便,因其结果树在一般情况下都能抽生大量的枣吊,并且花量很大,每年抽生的发育枝较少,能自然分枝形成结果枝系,营养生长和枝叶密度易控制,结果母枝年生长量小,寿命长,不必每年进行更新修剪,修剪量也较小。

(一)修剪时期

1. 冬剪

即在落叶后到发芽之前的休眠期内进行。天津地区冬春季节干旱多风,易造成剪口失水,影响剪口芽萌发,所以最好在每年的 3 月中旬至 4 月上旬进行。

2. 夏剪

天津地区一般在 5 月底至 6 月初进行。此时正值枣树花期,及时进行夏季修剪,是有效控制营养生长,缓解生长和开花坐果之间的矛盾,促进开花、坐果,提高坐果率的主要技术措施之一。

(二)修剪方法

主要有疏枝、短截、回缩、摘心、缓放、别枝、抹芽和除根蘖等几种方法。

1. 疏枝

也叫疏剪、疏除,就是将枝条从基部剪掉。疏枝可减少营养消耗,改善通风透光状况。

2. 短截

剪掉枣头或二次枝的一部分称之为短截。采用短截方法后可使留下来的二次枝和枣股复壮,并减少后部二次枝干枯死亡和避免光杆秃裸现象的发生,同时也是促使主芽萌发形成新枣头的有效方法。

3. 回缩

也叫回剪、缩剪,是对多年生枝进行剪截的方法。回缩多用于骨干枝或枝组由于多年结果后造成弯曲下垂或生长势衰弱的情况下,将上枝、上芽部位以下的下垂衰弱枝剪掉,达到复壮树势的目的。

4. 缓放

对留作主枝、侧枝和大型结果枝组的当年生的枣头,不进行修剪,使枣头的顶芽继续延伸生长。目的是扩大树冠,增加枣股的数量。

5. 别枝

就是把直立的徒长型枣头拉平,别在附近的枝条下面,以填补枝条空缺的部位,使之结果。

6. 抹芽

在枣树萌芽后,对各个部位上萌生出的无用芽及嫩枝及时从根部抹掉。目的是减少养分消耗,使养分补给给有利用价值的枝条,促进树体健壮生长和结果。

7. 摘心

生长季,当枣头长到一定长度时,将顶端嫩尖摘除。通过摘心可有效地控制枣头的加长生长,使留下的二次枝延长生长,增加二次枝节数,提高新枣头坐果数量。

8. 除根蘖

把不用作育苗的根蘖苗及时刨除。目的是减少养分消耗,使树体生长健壮。

(三)幼树整形修剪

枣树在自然生长状态下,生长比较缓慢,幼树阶段单轴延伸能力强旺,分枝出现得较晚,分枝部位也较高,因此树冠成形较慢,前期产量很低,因此应加强对幼年生枣树的整形修剪工作。

1. 小冠疏层形的整形方法

选健壮的优质苗木栽植,栽前留 70~80 cm 定干。定植后,当年在距地面 50 cm 以上选留 3~4 个方向较理想的作为主枝,并且注意对中心干的培养,当年对所留的枣头放任生长,使其尽量延长,如年内达到修剪长度,转年 3 月进行剪截(如果长度不足可再养一年,转年加以修剪)。修剪时对中心干留 1~1.2 m 短截,并将其顶部 1/3 处以上的二次枝全部剪掉,对所留主枝长放不剪,使其早成花。第二年夏季,除培养好中心干外,应注意对第二层主枝的培养。第三年对中心干长放不剪,对第一层主枝进行修剪,培养第一侧枝。对选留的 2~3 个第二层主枝长放不截。

2. 纺锤形的整形方法

定植当年距地面 50 cm 以上、3~4 个生长健壮的枣头加以培养,其余的全部抹除,同时留好中心干。第二年对中心干进行剪截。并将其上面着生的二次枝全部剪掉,以促发健壮的主枝。对第一年所留的 3~4 个主枝长放不剪,使其加长生长并促使其早成花。第二年夏季除培养好中心干以外,在中心干上选留好主枝,在选留时应注意同侧主枝上下间距为 30cm 以上,均匀分布,其余的及时抹除。第二年一般可选留主枝 5~6 个。第三年对中心干上的二次枝仍全部疏掉,对下部所留的主枝长放使其成花。第二、三年对中心干的剪留长度为 80 cm 左右,第三年夏季在注意中心干上主枝培养的同时对所留主枝角度过小的进行开张,使其达到 80°左右即可。这样一般 3~4 年完成整形,总主枝数 12~15 个,树高 2.5 m 左右。

3. 主干疏层形的整形方法

一般在定植两年以后,当树高达到 2 m 以上,胸径达到 2~3 cm 时,进行定干,定干高度一般为 1.2~1.4 m。定干后将干上所有的枝条全部剪掉。萌发后自上而下选择好中心干和 3~4 个生长势健壮方向较好的枣头作为第一层主枝,其余的全部去除,当年对所留枣头长放不管,使其加长生长。第二年对上年所留的中心干和第一层主枝全部长放不剪。第三年对中心干留 1.5 m 左右短截,并且剪去剪口下 3~4 个二次枝,并对第一层主枝留 60 cm 左右进行短截,并将剪口下的两个二次枝剪掉,培养第一侧枝。第四年对中心干留 1.3 m 左右短截,并将上端 3~4 个二次枝剪掉,以培养第三层主枝,对第一层主枝留 60 cm 左右剪截并剪去剪口下两个二次枝,培养第二侧枝。一般需要 8 年完成整形工作。

(四)盛果期修剪

枣树经过幼树整形期之后,逐渐进入盛果期。枣树盛果期年限比一般果树都要长,一般可达上百年。这个时期内,由于连年结果,易造成各类树枝的老化,骨干枝前端易弯曲下垂,生长势渐弱,有的甚至出现干枯焦梢的现象。因此,应及时通过修剪加以调整,使其保持健壮的生长势,延长盛果期的年限。在盛果期内,有些生长势很强的枣树,每年都可抽生一定数量的新枣头。如让其放任生长,就会造成树体结构紊乱,消耗大量营养,从而影响当年果品产量和来年的树势。因此可通过夏季的抹芽、疏枝、摘心和冬季的短截疏枝等加以调整,以维持其合理的树体结构,保证稳产、高产。

主要做法:调整好树冠范围内的枝叶密度,保持良好的通风透光条件,维持好各类枝条的生长势,通过更新结果枝组,使其延长结果寿命,在修剪方法上力求做到疏截结合,以疏为主,疏密留稀,疏弱留强。修剪原则是以轻为主,并且注意小树宜轻,大树宜重;强树宜轻,弱树宜重。

(五)衰老树的更新修剪

盛果后期的枣树,树冠内死亡二次枝数量增多,骨干枝衰老,更新枝不断出现。此时应注意选留和培养更新枝,待其长到一定粗度时,即可回缩骨干枝,剪去下垂衰老的枝梢部分,并且利用抬高骨干枝的角度来增强树势。当树体过于衰老时,骨干枝先端往往枯干,中下部结果枝组及二次枝大量死亡,骨干枝中下部出现较大的光秃带,全树枣头数量极少,树冠内膛空虚,结果部位极少,产量很低,这时应进行树冠更新,必要时进行树干的更新。

树冠更新:依据更新程度可分为轻更新、中更新和重更新三种,具体如下。

1. 轻更新

当树冠刚刚进入衰老期,各级枝条生长势较弱,二次枝及枣股开始出现死亡,骨干枝有光杆现象出现,产量开始逐年下降时,应进行轻更新。具体做法:采取轻度回缩的办法,剪除各主侧枝总长度的 1/3 左右,促发新枣头,然后加以培养再更新扩大树冠,增加结果面积,恢复总产量。

2. 中更新

当树势显著变弱,二次枝大量死亡,骨干枝大部光秃,产量急剧下降,株产 5 kg 左右时,应进行中更新。具体做法:锯除骨干枝全长的 1/2 左右,并对光秃的结果枝组予以重截,促生新枝。并应停止开甲两年,以达到养好树体的目的。

3. 重更新

当树体极度衰老,各级枝条大量死亡,骨干枝呈光秃状,株产 2~3 kg 或基本上没产量时,应进行重更新。具体做法:锯除各骨干枝总长度的 2/3 左右,刺激萌发新枝,重新培养树冠。在采用重更新后,3~4 年内应停止开甲,目的是使树冠迅速扩大。

第七章 花期管理技术

一、导致落花、落果的原因

枣树是多花树种,花的分化量很大,但受树体和环境条件的影响,落花、落果现象十分严重,采收果率一般仅为花蕾数的 1%~2%。造成枣树落花、落果的原因较多。

(一)营养因素

从枣树的物候期可以看出,枣树花蕾期正值枣吊迅速生长期和枣头旺盛生长期。进入初花期时,枣头仍处于旺盛生长阶段,此时枣吊生长渐缓。在同一时期内枣树的几个器官均生长活动旺盛,营养竞争十分激烈。

枣树从萌芽生长至坐果,主要消耗的是树体贮藏的营养,即上年度制造并贮存于枝、干、根部的营养,所以上年贮藏营养的多少直接影响来年的生长和坐果。

(二)环境条件

不良外界环境条件也是导致枣树落花落果较为严重的另一个主要原因。在北方各枣产区,花期一般在 6 月上中旬。一般年份,此时仍处于干旱季节,这段时间内降雨量非常小,空气湿度很低,因此降低了枣花的花粉发芽率,造成受精不良,导致坐果率低。同时这一时期天津地区多发干热风,常导致枣花大量失水而出现"焦花"现象,大大降低了坐果率。

此外,枣树花期遇到连续阴雨天气,由于雨水浸花时间过长,使花粉粒吸水涨裂,大大降低了花粉的生命力,影响授粉。同时由于连续阴雨会使气温过低,也会影响昆虫传粉。但花期出现小雨即晴的天气,对枣花开花、坐果大有好处,可显著提高枣树的坐果率。

二、提高枣树坐果率的措施

(一)调节树体营养分配

营养生长与生殖生长是相互矛盾的,适时抑制营养生长,调节营养物质的运转去向,可有效地提高坐果率,具体做法如下。

1. 摘心

枣头萌发之后,当年的生长量较大,部分新枣头当年还能结果,因此需对过旺枣头及二次枝进行摘心。一般栽植密度的枣树,生长季只进行一次摘心;密植和超密栽植的枣树,需进行2~3次摘心。第一次在花前进行,要求摘除枣头和其下部2个二次枝的枝梢,再过5~7天,对未摘心的少数结果枝全部摘心,严格控制所有枝系的营养生长,促进坐果。

另外,在进行枣头摘心时,应依枣头的生长强弱及其所处空间大小而定。一般弱枝轻摘心,强旺枝重摘心。空间大时可轻摘心,留5~7个二次枝;空间小时可重摘心,留3~4个二次枝。天津地区第一次摘心一般在5月底至6月初进行。枣头摘心可明显提高坐果率,并且提高果品质量。

2. 开甲

开甲在盛花初期或花后落果高峰前进行。

(1)开甲的作用:开甲的目的就是截留营养。枣树叶片通过光合作用制造的有机养分(碳水化合物)及由此转化成的氨基酸(蛋白质的组成物质)是通过枣树韧皮部的筛管往花、果实、树干和根部输送的。开甲后,一段时间内切断了通往根系的通道,这样就使有机营养积累于甲口以上的树体部分,使叶、花和幼果的营养供应相对充裕,这能有效地提高坐果率。

（2）开甲的时间：天津枣产区，多年来就有"芒种"节开甲的习惯，即在 6 月 4 至 8 日进行。但是随着这项技术的广泛应用，各地开甲的时期不尽相同。实践证明，金丝小枣在花半蕾期开甲效果最好，即当开花量达到 30%~40% 时（即盛花期）进行。盛花期开甲的金丝小枣树，坐果数量多而丰产，成熟一致，干制率高，品质好。开甲过晚，果实生长期则较短，果实肉少，味淡，干制率较低。

开甲的时间也因品种不同而有所区别。有些品种，花朵容易坐果，花期有大量的锥形果形成，但这些锥形果脱落十分严重。对这类品种开甲的时间应在盛花期末，幼果落果高峰前 3~4 天进行，如圆铃枣品种采用此方法产量可增加 0.5~1 倍。

幼树开始开甲的适宜树龄，因品种和栽植方式（密度）的不同而有所区别。密植的鲜食品种，如冬枣等，可于定植后第三年开始。一般形式栽植的枣树，以全树 2 年生以上的结果母枝数量达到 300 个以上时开始，这类结果枝花质好，花期早，所结果个大，质优。

（3）开甲的部位：枣树开甲可在主干上进行，也可在主枝和大型结果枝组上进行。在树干上进行时，幼树第一次开甲，可在距地面 25 cm 左右的高度处开始，以后每年上移 5 cm，直到接近第一主枝时，再从下而上重复进行。营养生长和开花结果矛盾较大、不易坐果的品种，如金丝小枣、无核小枣、长木枣、灰枣等，必须每年进行开甲。另外天津静海林业局在实施市重点《冬枣优质丰产栽培技术》推广项目时，进行了高位开甲和多点开甲的示范，效果甚佳。具体的做法是，将开甲部位上移到主枝、中心干或大型枝组上进行。这样做的好处：一是可有效地预防因主干环剥不当造成死树现象的发生；二是可人为地依据不同枝的强弱有选择性地开甲；三是可在开甲时留出一定数量的辅养枝，从而提高树体的生长势。

（4）开甲方法：开甲时一定要选在晴天进行，最好开甲后 48 小时之内不降中到大雨，否则对甲口愈合不利。在开甲前先用扒镰或专用的挠子将树干上的老皮刮掉一圈,宽度约 5 cm,扒至露出粉白色的活皮(即韧皮部)为止。然后用专业开甲刀从扒皮部位的中间部位垂直切入,切断韧皮部,但不要损伤木质部。然后视树体情况,在距上刀 0.5~1.0 cm 的下方刀刃向上偏斜 20°~30° 开甲口(目的是开甲后如遇大量降雨可避免甲口存水,影响甲口愈合),切法同上。要求整个甲口宽窄一致,不留毛茬,最后将甲口内的一圈韧皮组织剔除干净,不留一丝残留组织,以防影响坐果。否则"留一丝,歇一枝"。

(5)开甲的宽度:要根据树龄大小、树势强弱和品种而定。一般初开甲的金丝小枣、无核枣树,甲口的宽度为 0.6 cm,壮树为 0.5 cm,老树为 0.4 cm,弱树为 0.3 cm。对过于衰弱的枣树,应停止开甲,待树势恢复之后再进行开甲。而冬枣树的开甲宽度应以 0.8~1.0 cm 为宜。

(6)甲口保护:因为在自然状态下,开甲后,甲口处常招致枷虫,危害甲口新生皮层,从而影响甲口愈合。严重时,常造成甲口不能愈合或部分不能愈合,从而导致树势衰弱甚至死亡。生产中常用的保护方法为,开甲后立即用塑料封箱带将甲口封严,以防甲口虫进入危害。另外,也可采用甲口涂药、抹泥等方法防治甲口虫为害,确保甲口正常愈合。具体做法是,开甲 3 天后,于甲口内涂杀虫剂 25% 的辛硫磷 50~100 倍液或 48% 的毒死蜱 400 倍液等,每 5 天涂 1 次,连续喷涂 3 次。以涂湿甲口为宜。甲口晾至 20 天以后,可就地取土和泥,用泥将甲口抹平后用地膜包裹保湿,这样既防虫又保湿,有利于甲口愈合组织增生,再过 1 周左右,甲口便愈合完成,泥土就被顶掉了。

(7)冬枣和马牙枣的二次开甲技术应用:为促进鲜食枣提早成熟采收,近年来,天津静海的枣农尝试对冬枣、马牙枣一年开两次甲,取得了较好的效果。

二次开甲的方法:冬枣第一次开甲的时期、方法同于一年开一次甲的方法。第一次开甲部位在主枝、主干或大型枝组上,甲口的宽度是保证甲口在 40 天内完全愈合。第一次开甲后 40~50 天(7月底8月初)甲口完全愈合后,选择连续 3 天无雨的天气在主干上进行二次开甲,开甲时间最晚不超过 8 月 3 日。若条件不具备（树势较弱、天气不好、第一次开甲的甲口未完全愈合），当年不进行第二次开甲。第二次开甲的甲口较上一次窄一些。开甲后注意叶面喷肥，树下补施化肥，保证甲口在 40 天之内完全愈合。马牙枣二次开甲的方法及具备的条件同冬枣二次开甲，只是由于马牙枣成熟早，第一次开甲必须保证在 30 天内甲口完全愈合，才能进行第二次开甲；两次开甲时间间隔 30 天，第二次开甲后要保证甲口在 30 天内愈合，以免影响树势。

枣树二次开甲的好处：一是可使枣果提前 7~10 天上市，枣果销售价格高；二是二次开甲后主枝更新快，主枝上的枣股年龄一般在 5 年以下，坐果率高，枣果品质也好。

注意：一是要注意对内膛徒长枝的选留和培养。由于枣树二次开甲会消弱树势，因此要注意对二次开甲树的内膛徒长枝进行选留和培养，以便于树体更新。二是适时进行二次开甲。枣树二次开甲要在第一次开甲的甲口完全愈合后才能实施，否则不能进行二次开甲。第二次开甲的甲口不要太宽，并且要保证甲口在果实采收前完全愈合。三是要注意甲口保护。冬季要用泥封住甲口，外面包缠塑料布条，防止甲口裸露受冻，造成树体死亡。

图 7-1 主干和主枝开甲（见彩插）

(二)改善田间小气候

1.浇水

我国北方枣树开花期正值炎热的旱季,而枣树在花期对土壤、水分却十分敏感,遇到严重旱情,枣树会发生卷叶、焦花、焦蕾等现象,影响坐果。经调查,花期 20~40 cm 土层含水量低于 12% 时,坐果即受到阻碍。因而,花期浇水保墒是枣树管理中的重要技术措施。

2.喷水

花期喷水是为了提高空气湿度,解决高温干燥对花粉发芽的抑制作用,从而提高受精比例,增加坐果量,提高产量。枣树花粉在适宜的条件下,需半小时左右的时间才能发芽,因此,喷水提高空气湿度的时间必须能够维持半小时以上方能奏效。用喷雾器向树冠上均匀喷清水时,宜在傍晚气温低、湿度较高时进行。一般以傍晚 5 时以后喷水效果最好。喷水应在枣树盛花期进行,一般年份喷 2~3 次,特殊干旱的年份喷 3~5 次。

(三)喷施植物生长调节剂

喷施植物生长激素和微量元素,可有效地提高枣树的坐果率。目前常用的植物生长激素有赤霉素、2.4-D、萘乙酸钠等,其中赤霉素提高坐果的作用最为明显。赤霉素喷花技术,能很好地解决天津枣区因花期空气干燥抑制花粉发芽或因缺少授粉昆虫而影响坐果的难题。目前生产上应用面积很大,对枣树稳产起到了重要的作用。

1.赤霉素能提高坐果率的机制

它能促进枣的花粉发芽,能刺激未授粉的枣花结实,能使枣花坐果适应的温度低限下降 2℃左右。因而能确保枣花坐果率的提高。

2.喷施时间

赤霉素的使用时间以盛花期为最佳,一般小枣树在花开放量达到 30%~40% 时进行。金丝小枣、无核小枣等多数品种一年只喷 1 次,如增加喷施次数,会造成结果量过大,果实变小。只有在喷施后5~6天中遇到降温,气温下降到坐果低限以下,未坐住果时,需再补喷1次。另外,近年来静海枣农在生产实践中总结出如下经验:冬枣树由于生长旺盛、花期长、花量大,第一次应在花开60%左右时喷施,5~7天后再喷施1次;马奶枣在花开60%~70%时喷施1次效果最好。

3. 使用浓度

赤霉素应用的浓度范围较宽,枣树花期喷施赤霉素浓度一般为10~50 mg/kg。不同品种喷施的浓度和时期不同。静海枣农的经验是:金丝小枣花开30%~40%时喷施17.5 mg/kg,冬枣花开60%时喷施22.5 mg/kg,马牙枣盛花期花开30%~40%时喷施50 mg/kg,马奶枣花开70%~80%时喷施37.5 mg/kg的赤霉素增产效果明显。赤霉素的喷施浓度与品种、树势、环境条件及其他提高坐果率的措施等有密切关系。不同品种首次喷施时要在少量试验的基础上确定合适的喷施浓度,严禁随意照搬和增加喷施浓度。生产上将几种提高坐果率的技术措施综合应用,能取得比单一技术措施更好的效果。

(四)花期喷施微量元素

硼能促进花粉吸收糖分,活化代谢过程,刺激花粉萌发和花粉生长。花期用0.2%~0.3%的硼沙溶液或0.1%~0.2%的硼酸溶液均匀喷施叶面可有效提高坐果率。花期喷施0.2%的硫酸锌溶液,也能有效地提高枣树坐果率。

(五)提高异花授粉率

枣树是典型的蜂媒花,多数品种虽然可以自花授粉、结实,但异花授粉可显著提高坐果率。枣园放蜂,可有效地提高异花授粉率。枣园花期放蜂,蜜蜂能为枣树传播花粉,使枣花充分授粉,坐果率可提高68%~238%,而且枣树距蜂箱越近,效果越好。放蜂量一般每10亩枣园配一箱蜜蜂即可。

三、采前管理

（一）防止采前落果

枣果成熟前落果严重。据观察，金丝小枣后期（自果实着色至采收）落果占产量的 30%~40%，重者可达 50% 以上。由于果实尚未完全成熟，因而重量轻，制干的红枣品质较差，表现为果形干瘪，皮色泛黄，皮纹多且深，果肉缺乏弹性，含糖量很低。同时，落地的枣果如不及时捡拾，遇雨后易造成霉烂。一般情况下，落果从 8 月下旬开始，直至采收，时间为一个多月。捡拾落果非常费工。

针对上述现象，近年来我们进行了相关的研究。

1. 喷施生长调节剂

选用的生长调节剂有萘乙酸和防落素（氯化苯氧乙酸）等。一般在枣果采收前一个月开始喷布，适宜的浓度为 20 mg/kg。使用萘乙酸时应先用少量白酒溶解，然后再用水稀释到使用浓度。防落素可直接兑水使用。最好在果实白熟期前 10 天和白熟后期各喷 1 次 20 mg/kg 萘乙酸或萘乙酸钠水溶液。喷布时要求果面、果柄全都着药。

2. 应用效果

枣果采收前 4 周（天津地区为 8 月底）喷布 1 次 10~20 mg/kg 的萘乙酸或防落素，至采收时，落果率分别为 5.3%~7.1% 和 5.7%~11.7%，喷清水的对照落果率为 28.3%，喷萘乙酸比对照减少落果 74.9%~81.3%，喷防落素比对照减少落果 58.7%~79.9%。

喷布萘乙酸或防落素后，大大减少了采收前枣树落果的数量。通过测定果品质量并无不良变化，如鲜枣可溶性固形物含量均在 38%~39.7% 之间，与对照无明显差异，果实重量均比对照有所增加。这些充分说明喷施萘乙酸或防落素后，并不影响果实的生长。

(二)防止采前裂果

枣多数品种在近成熟期遇雨都会发生程度不等的裂果。裂果多发生在果皮开始局部变红到完全变红的脆熟期。果皮开裂的果实,不仅外观差,而且容易引起浆烂腐败,不能完全成熟,开裂的枣果,不能制作符合品级的红枣。在天津地区,一般年份裂果比例占总产量的13%,有些品种如马牙,严重年份裂果率可达60%,造成较大的经济损失。

1. 裂果的原因

天津地区8月中旬至9月上旬枣果处于白熟期,此期如遇干旱,在正值高温和高蒸腾的情况下,果实失去的水分得不到及时补偿,就会引起果皮日烧。这种未能愈合的微小伤口,在9月上中旬脆熟期时,遇到下雨或夜间凝露的天气,长时间停留在果面上的雨露就会通过日烧伤口渗入果肉内,致使果肉体积膨胀。当膨胀到一定程度时,果皮就会以日烧伤口为中心发生膨裂。实践证明,在雨季结束早,8月中旬到9月上旬有旱情的年份,枣树果实就会不同程度地出现裂果现象。

另外,枣树的果实裂果也因品种和成熟期的不同而有所差异。在9月初以前成熟的早熟品种和10月初以后成熟的晚熟品种,以及中熟品种后期花所坐的果一般极少出现裂果,裂果较重的品种是在9月中下旬成熟的中熟品种。

2. 防止方法

因为枣裂果的主要原因是干旱造成的,所以防治的方法首先要从解决旱情入手。一是浇水防旱。要在果实白熟期内视实际情况及时浇水解决旱情,一般要求地表0~40 cm土层含水量稳定在14%以上,不足时,需浇水补充。二是进行枣园(枣行)覆草。一般在春季浇水之后进行,主要以麦秸、稻草为主,覆草厚度20 cm左右,覆后上面盖一层细土防止风刮和火灾。三是枣园(枣行)覆盖地膜。覆膜宽度一般要求应达到树冠的边缘(一般在5 m左右)。覆膜应在8月上旬雨季结束前进行,也可以在早春施肥浇水之后进行。枣园(枣行)覆草、覆膜可在一定程度上保持土壤的水分,缓解旱情,降低裂果的比率。

　　在枣树生长后期叶面喷施钾肥、钙肥可有效减少裂果。这是因为钾不仅能增加果实的糖度而且能增加果皮的厚度和硬度。钙能促进钾、磷酸和硝态氮的吸收,增加果实的硬度,因而也能减少裂果。喷施方法:7月中旬以后至采收前30天,每隔半个月左右结合喷药叶面喷施0.2%~0.3%的磷酸二氢钾,或在枣树需钙的三个吸收高峰期(落花后30天、果实膨大期、采果前30天)各喷施一次钙肥,可以有效减少裂果。

第八章　病虫害防治技术

一、主要病害及其防治

目前生产上常见的枣树病害有近十种,较为严重的有枣锈病、炭疽病、轮纹病、枣疯病、缩果病等几种。

(一)枣锈病

1.症状

枣锈病是一种由真菌引发的病害。主要危害枣树的叶片,严重时会造成大量落叶,致使果实不能正常成熟、品质低劣、无商品价值。同时由于早落叶,使树体营养贮藏极少,直接影响来年的生长和结果。

2.传播途径和发病条件

枣锈病的致病真菌主要是夏孢子。夏孢子在病叶、枝干上越冬,来年散出后可随风传播到远处。越冬的夏孢子在6月下旬至7月上旬雨水多、湿度大时开始发芽,并侵入叶片,7月中下旬开始发病并少量落叶,8月下旬大量落叶。此病的发生与前期雨水的关系十分密切,一般雨水大、气温高、湿度大的年份发病早且严重。树冠郁闭、通透性差、环境潮湿的枣园发病相对较重。

3.防治方法

一是加强栽培管理。合理密植、合理修剪,使枣树树冠通透性达到良好水平。雨季注意及时排水,防止园内过于潮湿。二是清除初侵染源。于晚秋和冬季清除落叶,集中烧毁。三是及时进行药物防治。于7月上中旬喷布1次1∶2∶240倍的波尔多液或25%粉锈宁可湿粉剂800倍液,雨量大,降雨次数多的年份和地区8月上旬再喷一次。喷药时,要求叶片正反面都着药。为提高黏着和抗雨冲刷的能力,在喷施时加 1% 的中性洗衣粉做展着剂。

图 8-1　枣锈病发病初期和后期的病叶(见彩插)

(二)炭疽病

该病主要分布在河南、山西、陕西、河北、山东等地。一般年份产量损失 20%~30%,严重时可达 50% 以上。寄主种类较多。

1. 症状

在枣树上主要侵害果实,也可侵害叶片、结果枝等绿色器官。果实受害后,果面最易出现淡黄色水渍状斑点,以后逐渐扩大成形状不规则的黄褐色斑块,中间凹陷。病斑继续扩大后连接成片,色泽加深成红褐色,边缘仍有黄褐色隐痕。病果着色早,容易早落。潮湿条件下病斑后期常出现许多黄褐点状突起,即病原菌分生孢子盘,突起开裂溢出粉红色带黏性的分生孢子团。病部果肉味苦,半干后呈外大里小漏斗状粉红色病块,果核变黑,重病果晒干后只剩枣核和菌丝结的果皮。叶片发病初期出现灰色斑块,以叶缘、叶尖部位为多,后病斑变成褐色,形状不规则,周围呈淡黄色,半月后病斑中心组织坏死,叶缘干枯呈黄褐色,其他部分褪成黄褐色,病叶容易早落,或呈褐色焦黏状残挂枝上。结果枝发病部位焦枯,前端枝叶随之枯死。病叶、病枝在高湿环境下,也能长出轮纹状排列的黑色点状的分生孢子盘和粉红色分生孢子团。

2. 传播途径和发病条件

病原菌以菌丝体和分生孢子在病果、病枝叶上越冬。翌年分生孢子借风雨、昆虫传播,从伤口、气孔或直接穿透表皮侵入。初次侵染从花后幼果开始,以后能反复侵染多次。雨季早、雨量多的年份和地区,成熟期前或成熟期温度较高、湿度较大时,易引起大发生。染病的果实在高湿适温的晾晒过程中,病情迅速发展,加重损失。发病轻重还与品种抗病性和树势有关。枣品种间差异悬殊,树势强则发病轻,弱则高。蜜枣产区,枣果采收时还未进入发病高峰期,因而很少受到危害。

3. 防治方法

一是选栽抗病品种,如抗病性较强的圆铃新 1 号、大马牙、小马牙以及冬枣、孔府酥脆枣、疙瘩脆等鲜食品种。山西、陕西、陕北、甘肃等少雨、干旱地区的原产品种对炭疽、轮纹等果实病害的抗病性较差,异地引种需格外注意。二是加强枣园综合管理。认真做好枣树冬春季节的修剪和夏季修剪,使树体通风透光。实行枣粮间作时,一定要选矮杆作物,同时加强枣园的土肥水管理,使树体生长健壮。三是改进红枣加工方法。采用烘干法或沸水浸烫处理,杀死枣果表层病菌后再晾晒制干。四是药剂防治。于 7 月下旬至 8 月中下旬,连续两次喷布200~300 倍石灰多量式波尔多液、75% 的甲基托布津 1000 倍液、75%的百菌清 800 倍液等药剂。

图 8-2 炭疽病病叶和病果(见彩插)

(三)轮纹病(又称黑腐病)

该病在河北、天津、山东、山西、河南等地普遍发生。很多枣区常年病果率在 5%~15%,8~9 月多雨的年份可达 30% 以上,对红枣和鲜食枣的生产威胁很大。寄主除枣以外,还有苹果、梨等果树。

1. 症状

果实自白熟后期开始显现病症。最初果面上出现水渍状圆形小点,以后逐渐扩大,颜色转褐色、深褐色大小不一表面略下陷的圆形或椭圆形病斑。病部呈软腐状,淡黄至黄褐色,后期皮上长出很多近黑色的针点大小的突起,呈多层同心圆排列,病情发展延续到采后贮存期和红枣晾晒过程中。严重时病斑扩大成不规则形或者几个病斑连成一片,全果受害,病部果肉味苦。

2. 传播途径和发病条件

病原菌以菌丝体、分生孢子器和子囊壳在病组织中越冬。翌年开春后,借风雨传播,从幼果期到成熟期不断侵入果皮寄生,潜伏期长短不等。果实着色期开始显现病症,采收后病情继续发展。果实生长期或成熟期多雨、湿度大时加重病情发展。

3. 防治方法

一是秋冬深翻枣园。目的是将病果、残枝落果翻压在土中,减少翌年传播的病原。二是药剂防治。从 7 月上中旬开始至 8 月下旬,每半月喷布 1 次 200 倍的石灰多量式波尔多液、50% 的多菌灵 800 倍液、75% 的百菌清 800 倍液。三是果实用沸水烫煮 1~2 分钟后晾晒或烘干制干。

图 8-3　轮纹病病果（见彩插）

（四）缩果病（又名束腰病）

主要分布在河南、河北、天津、山西、陕西、山东等地。

1. 症状

仅发现果实受害。果实发病后逐渐萎缩，未熟脱落，病果味苦，无食用价值。被害果白熟期末、梗洼着色变红时开始显现病症。最初果皮出现淡黄色晕环病斑，环内略微凹陷，以后病斑转呈水渍状，边界不清，疏布针刺状圆形褐色斑点，进而全果果肉转土黄色，质地松软，果皮暗红色，失去光泽，果柄渐变黄色。病果因逐渐失水而皱缩变软，果肉渐呈浅褐色海绵状，味苦。病果从出现水渍状病斑到果肉皱缩极易脱落。

2. 传播途径和发病条件

病原菌有两种类型：一种是"噬枣欧文氏菌"的细菌，另一种是小穴壳真菌。细菌只为害成熟枣果。主要是通过风雨摩擦，害虫刺吸（如壁虱、叶蝉、蝽象等）造成的伤口侵入为害。发生期与果实发育期以及当时的天气因素密切相关。果梗变红到果面 1/3 变红的着色前期，果肉糖分达到 18% 以上、气温在 26℃～28℃时是发病最盛时期。此时遇上阴雨连绵或夜雨昼晴的天气，往往暴发成灾。

3. 防治方法

一是选用抗病品种。如马牙、圆铃等。二是加强枣园管理。严防果实虫害，特别要加强对叶蝉、龟蜡蚧、桃小食心虫等害虫的防治，以减少果面虫口的密度。三是清园。要彻底清除病虫果和烂果，集中烧毁或埋深，以减少病原。四是加强树体管理。认真搞好修剪，使树体通风透光，同时，增施有机肥和磷钾肥，合理使用氮、硼、钙，以增强树势，提高枣树自身的抗病能力。五是加强药剂防治。可根据当地的气候条件，决定防治时期，一般年份 7 月底至 8 月初喷 1 次药，以后每隔 10 天喷布 1 次，共喷 2~3 次。枣果采收前 15~20 天是防治的关键期，有效防治药剂有：对细菌性枣缩果病可用链霉素 140 单位 /mL、土霉素 140 单位 /mL、卡那霉素 140 单位 /mL；对真菌性缩果病，可用 75% 的百菌清 600 倍液、50% 的枣缩果宁 1 号粉剂 600 倍液、70% 的甲基托布津 800 倍液等。

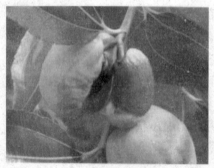

图 8-4　缩果病病果(见彩插)

(五)枣疯病

在枣产区普遍发生，各地枣区都不同程度地受到枣疯病的为害。其中，河北玉田、北京密云、山东巨野、滕县等枣区因枣疯病而造成毁灭性的灾害。河南内黄，山西远城、稷山及河北的阜平等枣区也日趋严重。

1. 症状

主要表现是花器返祖和芽的多次萌发生长,导致枝叶丛生呈疯枝状。染病花的各部分大都变为叶片或枝条,花梗延长,一般为6~15 mm,花萼部位轮生 5 个小叶片,花瓣变成小叶。开花期此症明显,至后期即脱落,雄蕊变成小叶或枝条,雌蕊消失或变成一个小枣头,花器变成的小枝基部腋芽又往往萌生小枝条。发病枝条上的正芽、副芽同时萌发,而萌发的枝条上的正副芽又多次萌发,形成丛枝状,且入冬不易脱落。已染病的叶片黄化,黄绿相间,叶片主脉可延生形成耳形叶,叶小而脆,秋季干枯,冬季不落。棘刺可变成叶形。枣吊可延长生长,叶片变小,有明脉。病树因花变叶,一般不结果,但在开花期尚未显病的枝上往往能结枣。因此,同一病株上的病枣大小差异较大,着色参差不齐,呈花脸状,果面凹凸不平,果肉疏松,失去食用价值。严重的病果干缩,变黑,早落。根系病变之后,萌生的根蘖也呈稠密的丛枝状,后期根皮块状腐朽,易与木质部分离脱落。

2. 传播途径和发病条件

枣疯病的病原为类菌质体,是介于病毒和细菌之间的单细胞棒状物。发病时,一般先在部分枝或根蘖上表现症状,然后扩及全树。由于芽的不断萌发,无节制地抽生病枝,使枣树生长不良,大量消耗营养,最终使枝条甚至全株死亡。一般枣苗、小树从发病到枯死为 1~3 年,大树3~6 年即枯死。树越健壮,树冠越大,死亡过程越慢。在同株上,主干下部的枝条发病早于上部。据观察,各种嫁接方法均能传病。嫁接后,潜育期最短 25~30 天,最长可达 380 天。病原侵入树体后,先下行至根部,然后再传至别的枝系或全树。花粉、种子、疯叶汁液和土壤是不传病的。病树和健树的根系自然靠近或新刨病树坑即栽植枣树也都不传病。在自然界,一些昆虫是传播病原的媒介。

3. 防治方法

一是及时彻底挖除病树。即使 1 株树上只出现 1 枝疯枝也要整株挖除,目前这是唯一行之有效的办法。二是选用对枣疯病有免疫力的枣树品种。枣区实行这一防治方法时,应建立三联防组织,严格巡查,监督清除。三是建立无病苗圃。要求距病区 3km 以外建立枣树苗圃,选无病枝、穗和根蘖,作为繁殖材料。枣疯病不会通过土壤、根系传播,挖除病株后不用土壤消毒即可补栽,挖出的病株木材可以使用。四是除治传病昆虫,减少传病媒介。可于 5 月上中旬(大青叶蝉等第一代成虫羽化盛期)喷功夫 3000 倍液。五是注意嫁接工具和修剪工具的消毒,避免交叉感染。可用酒精燃烧消毒。六是采用树干打孔输液的方法防治。适宜的药物有国产 1 万单位的土霉素、0.1% 的四环素等。

图 8-5　枣疯病(见彩插)

二、主要虫害及其防治

(一)绿盲蝽象

1. 危害症状

若虫和成虫以刺吸式口器为害枣树的幼芽、嫩叶、花蕾及幼果。被害叶芽先呈现失绿斑点,随着叶片的伸展,小点逐渐变为不规则的孔洞;花蕾受害后,停止发育,枯死脱落,重者其花蕾几乎全部脱落;幼果受害后,有的出现黑色坏死斑,大部分受害果脱落,容易造成枣果减产,甚至绝产。

2. 形态特征

成虫体长 5 mm, 宽 2.2 mm, 绿色, 密被短毛。头部三角形, 黄绿色, 复眼黑色突出, 无单眼, 触角 4 节丝状, 较短, 约为体长的 2/3, 第 2 节长等于 3、4 节之和。前胸背板深绿色, 布许多小黑点。小盾片黄绿色。前翅膜片半透明暗灰色, 余绿色。足黄绿色, 后足腿节末端具褐色环斑。雌虫后足腿节较雄虫短, 不超腹部末端; 卵长 1 mm, 黄绿色, 长口袋形, 卵盖奶黄色, 中央凹陷, 两端突起; 若虫 5 龄, 与成虫相似, 初孵时绿色, 复眼桃红色。

3. 发生规律

绿盲蝽象以卵越冬, 卵产在枣树的病残枝上(剪口、蚱蝉卵穴)和多年生枣股处(据调查, 在病残枝上的越冬卵数约占调查总数的 78%, 多年生枣股处占 22%)。4~5 月, 枣树发芽前越冬卵开始孵化。绿盲蝽象在天津枣区一年可发生 4~5 代, 各代历期不同, 一般卵期 6~10 天, 若虫期 15~27 天, 成虫期 35~50 天。绿盲蝽象的发生与气候条件尤其是相对湿度关系密切。第 1 代发生相对整齐, 第 2~5 代世代交替现象严重。6~8 月为该虫发生的高峰期。第一次若虫孵化盛期在 4 月 30 日前后; 第二次若虫孵化盛期在 5 月 20 日前后; 6 月 29 日前后, 虫量达到全年的最高峰。当枣树进入果实膨大期, 树上环境不适于绿盲蝽象的生存, 大量成虫转移到其他寄主, 如豆类、白菜、杂草、棉花等植物上继续为害、产卵, 转移高峰期在 6 月 19 日至 29 日。进入 9 月上旬, 该虫又开始陆续迁回枣树, 为害裂果和嫩叶, 并产卵越冬。

4. 防治方法

一是枣园避免间作绿豆、大豆、豆角、棉花、白菜等绿盲蝽象的寄主植物; 二是冬春季节, 结合冬剪剪除树上病残枝, 尤其是对前一年夏剪剪口部位和蚱蝉产卵枝进行重点剪除, 减少绿盲蝽象的越冬基数; 三是枣树发芽前, 树上喷洒 3~5 度石硫合剂, 消灭越冬卵; 四是在 5、6 月, 及时对树下杂草、根蘖进行铲除, 切断落地绿盲蝽象的食物来源; 五是虫发生期用 10% 的吡虫啉 2000 倍液＋ 4.5% 的高效氯氰菊酯 1500 倍液或 2.5% 的功夫乳油 2000 倍液 +6% 的吡虫啉 1500 倍液混合喷施。

图 8-6　绿盲蝽象危害枣树(见彩插)

(二)桃小食心虫

该虫简称"桃小",也有人称之为"枣蛆"。此虫为世界性害虫,为害多种果树,枣也是受害最重的果树之一。

1. 为害症状

幼虫仅为害果实,果面上的针状大小的蛀果孔呈黑褐色凹点,四周呈浓绿色,外溢出泪珠状果胶,干涸呈白色蜡质膜,此症状为该虫早期为害的识别特征。幼虫蛀入果实内后,在果皮下纵横蛀食果肉,使果面凹陷不平,果实变形,形成畸形即所谓的"猴头"果。幼虫发育后期,食量增大,在果肉纵横潜食,排粪于其中,造成所谓的"豆沙馅",使枣果失去商品价值。

2. 发生规律

天津、河北枣区一年发生两代。以老熟幼虫在树干附近土壤中吐丝缀合土粒做扁形茧越冬,分布在 10 cm 以上的土层中,以 4~7 cm 土层内分布较多,约占总数量的 90%。在山地较平坦的耕地上,虫茧多集中在树干周围 50 cm 的范围内,距树干越远虫茧越少,同时在树干根颈周围,以北侧虫茧较多,约占 80%。越冬幼虫于 6 月上中旬气温升高到

20 ℃左右、土壤含水量达到 10% 以上时开始出土,出土盛期为 7 月上旬,8 月中旬可全部出完。出土期的早晚与当年降雨量有密切关系。一般于每次降雨后数天内常出现一次成虫高峰期。干旱年份出土较晚,且数量较少。越冬幼虫出土后,在地面上一天内即可做成夏茧,外面附着土粒或其他附着物,在纺锤形的夏茧内化蛹,蛹期 8~12 天,6 月下旬至 7 月上旬羽化成虫,成虫行动迟笨,白天静伏于叶背、枝干及杂草等背阴处,受惊扰只做短距离的移动,凌晨 1~4 时飞翔交尾产卵,卵多产于果实的梗洼或萼洼处,叶背面、叶脉基部及果面伤痕处也可见到虫卵。一雌蛾产卵 50 粒左右,多者可产 200 粒,卵期约 7 天,幼虫孵化后在果面上爬行数十分钟至数小时后,寻找适合的部位开始蛀果。第一代幼虫 7 月上旬开始蛀果,蛀果盛期在 7 月中旬。第二代幼虫蛀果盛期在 8 月下旬至 9 月上旬。幼虫无转果为害习性,一虫一生只为害一果。蛀入部位以近果顶最多,蛀入孔极小,如针孔一样,孔的周围呈现淡褐色,并略有凹陷,幼虫蛀果后,绕核串食,为害 18 天左右老熟,虫粪堆积于果肉内,即所谓的"豆沙馅"。老熟幼虫多在近果顶部咬一圆孔脱出果外,落地做茧。7 月下旬至 8 月上旬老熟幼虫多随果落地,1~2 天后脱出果外,爬至树干根颈部,做纺锤形化蛹茧继续羽化成虫,产卵孵化第二代幼虫,蛀果为害。第二代幼虫脱果时间为 9 月上旬至 10 月上旬,盛期 9 月中下旬,脱果后入地做越冬茧越冬。

3. 防治方法

一是挖茧或扬土灭茧。即在春季解冻后至幼虫出土前在树干根颈部挖拣冬茧,尤其注意树皮裂缝处。也可在晚秋幼果脱果入土作茧之后,把枣根颈部的表土(距干约 30 cm 以内,深 10 cm)铲起撒于田间,并把贴于根颈部的虫茧一起铲下,使虫茧长期暴露,经过冬春的风吹日晒和冰冻而死亡。二是于 7 月下旬或 8 月上旬拣拾落果,将其煮熟做饲料或深埋,如及时拣拾,消灭果内幼虫可达 80% 以上。8 月至 9 月在树下拣拾脱果幼虫(树干基部最多),尤其雨再后脱果幼虫更多。三是树下培土,阻止幼虫(成虫)出土。即利用幼虫在树下越冬的习性,于 5

月底之前,在树干 1 m 范围内堆高约 20 cm 的土堆,并拍打结实,这样可有效地阻止越冬幼虫出土。利用第一代老熟脱果幼虫多在树下根颈部作茧的习性,于 8 月中旬可用同法再培土堆一次,以阻止成虫出土。四是药剂防治。即于越冬幼虫出土前 1 周内,地面喷撒 25% 的辛硫磷胶囊并浅耕浅耙一次,毒杀越冬幼虫。6 月下旬至 8 月下旬产卵蛀果盛期,每半月喷布一次 2.5% 的溴氰菊酯乳油 2000 倍液、20% 的速灭杀丁乳油 2000 倍液、20% 的灭扫利乳油 2000 倍液或 1.8% 的阿维菌素 3000 倍液等加 25% 的灭幼脲 3 号 2000 倍液。在防治时最好利用性诱剂进行测报,在成虫高峰期过后 5 天打药效果很好。天津地区利用性诱剂测报,一般只需在 6 月底至 7 月初、7 月中旬、8 月 20 日左右各喷施 1 次药,防治率达到 95% 以上。

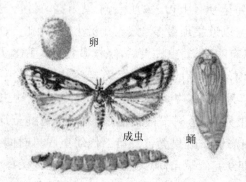

卵

成虫　蛹

图 8-7　桃小食心虫成虫、幼虫、卵、蛹(见彩插)

(三)枣红蜘蛛

1.为害症状

枣红蜘蛛以成螨、幼螨和若螨集中在叶芽和叶片上取食汁液为害。被害叶片初期出现失绿的小斑点,后逐渐扩大成片,严重时叶片呈枯黄色,提前落叶、落果,引起大量减产和果实品质下降。枣红蜘蛛除危害枣树外,还为害桑树、桃树及棉花、豆类、茄子等大田作物。

2. 形态特征

成螨椭圆形，锈红色或深红色，背毛26根，有足4对。雌成螨长约0.48 mm，体两侧有黑斑2对。雄成螨长约0.35 mm，卵圆球形，直径约0.13 mm，初产时无色透明，孵化前变微红色；幼螨近圆形，有足3对，长约0.05 mm，浅红色，稍透明。成若螨后有足4对。

3. 发生规律

北方地区每年发生12~15代，南方各枣区每年发生18~20代。以雌成螨和若螨在树皮裂缝、杂草根际和土缝隙中越冬。4月上中旬，枣树萌芽时出蛰为害活动。成螨一生可产卵50~150粒，卵散产，多产于叶背。成螨、若螨均在叶片背面刺吸汁液为害。6~8月为该虫发生高峰期，高温、干旱和刮风有利于该虫的发生和传播，气温高于35℃时，停止繁殖，强降雨对其繁殖有抑制作用。10月中下旬开始越冬。

4. 防治方法

冬春季刮树皮，铲除杂草，清除落叶，结合施肥一并深埋，将树干培土拍实，消灭越冬雌虫和若虫。发芽前喷洒3°~5°石硫合剂，最大限度地消灭越冬虫源；5月下旬若螨发生盛期，树冠细致喷洒2%的阿维菌素3000倍液、20%的哒螨灵乳油2000倍液、20%的螨死净800倍液、5%的尼索朗1500倍液或1.8%的阿维菌素4000倍液等。每7~10天喷1次。

图8-8　枣红蜘蛛成虫及为害叶片（见彩插）

(四)食芽象甲

食芽象甲,又名小灰象甲、食芽象鼻虫、枣飞象、枣月象、尖嘴猴或土猴等。

1. 为害症状

以成虫为害枣树的嫩芽或幼叶,大量发生时能吃光全树的嫩芽,迫使枣树重新长出枣吊和枣叶,从而削弱树势,推迟生长发育,严重降低枣果的产量和品质。它除为害枣树外,还为害苹果、桑、棉、豆类和玉米等多种植物。另外,它的幼虫在土中还为害植物的地下根系。

2. 形态特征

雄成虫体长约 5 mm,土黄色。雌虫体长约 7 mm,土黄色或灰黑色。头管粗短,触角棒状,12 节,着生在头管前部,端部 3 节略膨大呈短棱形。复眼紫红色,圆形。鞘翅长,为卵圆形,外表有纵列刻点 9~10 行。足 3 对,黄褐色。后翅白色透明,翅脉褐色。卵长椭圆形,乳白色转黑褐色、堆生。老熟幼虫体长 5~6 mm,体肥胖,略弯曲,各节多横向皱褶,疏生白细毛。蛹纺锤形,初为乳白色,渐转红褐色。

3. 发生规律

食芽象甲每年发生一代,幼虫在地下越冬。一般 4 月上旬化蛹。4 月中下旬枣树萌芽时,成虫出土,群集树梢啃吃嫩芽,枣芽受害后尖端光秃,呈灰色。幼叶展开后,其成虫将叶片咬食成半圆形或缺刻。5 月中旬气温较低时,该虫在中午前后为害最凶。成虫有假死性,早晨和晚上不活泼,隐藏在枣股基部或树杈处不动,受惊后则落地假死。白天气温较高时,成虫落至半空又飞起来,或落地后又飞起上树。成虫寿命为 70 天左右。4 月下旬至 5 月上旬,成虫交尾产卵,卵产在枣吊上或根部土壤内,5 月中旬开始孵化,幼虫落地入土,在土层内以植物根系为食,生长发育。

4. 防治方法

一是消灭春季出土成虫。春季成虫出土前,在树干基部外半径为

1 m 的范围内的地下,浇灌 50% 的辛硫磷 150~200 倍液,也可在树干周围挖 5 cm 左右深的环状浅沟,在沟内撒西维因药粉,毒杀出土的成虫。二是阻杀上树成虫。成虫出土前,在树上绑一圈 20 cm 宽的塑料布,中间绑上浸有溴氰菊酯的草绳,将草绳上部的塑料布反卷,在阻止成虫上树为害的同时,将其杀灭。三是阻杀下树入土老熟幼虫。5 月下旬,在老熟幼虫将要下树入土时,在树干上涂一圈 20 cm 宽的废机油,阻杀幼虫入土。四是消灭振落到地面的成虫。利用成虫假死的特性,在早晨或晚上在树下铺 1 张塑料布,每天或隔天敲打树枝,将成虫震落到地面后予以人工消灭;也可先在树冠下喷撒 3% 的辛硫磷粉或 5% 的西维因粉,每 100 m² 用药 1~1.5 kg,使成虫落地触药死亡。五是喷药防治。成虫上树后,可用 20% 的速灭杀丁 2000~2500 倍液、25% 的杀虫星 1000 倍液或 2% 的天达阿维菌素 2000 倍液进行防治。

图 8-9　食芽象甲成虫(见彩插)

(五)日本龟蜡蚧

1. 为害症状

以若虫和雌成虫刺吸枝芽、叶子汁液,严重削弱树势。其排泄物与糖蜜近似,适合黑霉菌生长,诱发煤污病。大量发生时,枝、叶、果上布满一层黑霉,严重影响光合作用,造成果实产量和品质降低。

2. 形态特征

雌成虫体紫红色,成长后体背有较厚的白蜡壳,呈椭圆形,长4~5 mm,背面隆起似半球形,中央隆起较高,表面具龟甲状凹纹。雄体长1~1.4 mm,淡红至紫红色,眼黑色,触角丝状,足细小;卵椭圆形,长0.2~0.3 mm,初产时淡橙黄,近孵化时呈紫红色;初孵若虫体长0.5 mm,椭圆形扁平,淡红褐色,前期靠风力扩散,不久在叶片上固定为害。只有雄虫在介壳下化蛹,雄蛹长1.15 mm、宽0.52 mm,梭形,棕褐色,性刺笔尖状。

3. 发生规律

一年发生一代,以受精雌虫在1、2生枝条上固着越冬。翌年3~4月间虫体继续发育,在枝条上取食为害,4月中下旬迅速膨大成熟。天津地区一般6月初开始在腹下产卵,气温23℃左右时为产卵盛期,每虫可产1200~2000粒,产卵后母体收缩,干死在蜡壳内。卵期20~30天,天津、河北等地自6月底至7月初开始孵化,7月中旬达孵化盛期,7月中下旬可全部孵化。孵化后,如遇高温干热天气,若虫出壳率低,大批若虫干死在母壳中,若虫爬至叶片停留于叶脉两侧或在嫩枝上吸食汁液,未被蜡的若虫可借风力传播,4~5天后产生白蜡壳,则固着不动。7月末雌雄性分化,8月上旬雄虫在壳下化蛹,蛹期为15~20天。8月下旬至9月上旬雄成虫羽化,9月中下旬羽化盛期。雄成虫寿命3天左右,有多次交尾习性,交尾后雄性成虫死亡。雌虫在叶上为害一直持续到8月中下旬,9月上旬至10月上中旬大多数回枝固定越冬。雌虫喜在枝上或叶面为害,雄虫喜在叶柄、叶背的叶脉上为害,严重时满布叶面,为害期40~60天。若虫被蜡前抗药力弱,被蜡后抗药力陡增。

4. 防治方法

一是人工除治。冬季结合冬剪剪除越冬雌虫体或用刷子、木片、玉米芯等物刷除越冬虫体,此外,冬季遇有"雾凇"天气时,可敲打树枝,使固着在枝条上的虫体脱落或在严冬季节向发生较重的树体上喷清水,待其形成冰层之后再敲枝振落虫体。二是化学防治。早春喷洒 5% 的柴油乳剂或波美 5 度的石硫合剂,初孵若虫分散转移期(6 月中旬前后),喷施 40% 的速蚧杀乳油 1500~2000 倍液、6% 的吡虫啉可溶性液剂 2000 倍液、20% 的速灭杀丁农药 2000 倍液或 48% 的毒死蜱 1500 倍液等。

图 8-10　日本龟蜡蚧在枝条上越冬(见彩插)

三、常用农药的配置和使用方法

(一)石硫合剂

石硫合剂化学名称为多硫化钙,是一种制备简单、低成本、效果好、环境污染小的杀菌、杀虫和杀螨剂,防治白粉病、介壳虫、果螨等效果显著,在绿色无公害林果生产中发挥着越来越重要的作用。

1. 石硫合剂的熬制方法

(1)选料、配方与锅灶。石灰应选择色白、质轻无杂质、含钙量高的优质石灰。水应用清洁的河水、泉水等。硫黄要用色黄、质细的优质硫黄,最好经过 350 目以上筛网过滤。洗衣粉以中性为好。

(2)石硫合剂原料的配比与要求。硫黄 2 份,石灰 1 份,水

10~15 份。

(3)石硫合剂的熬制过程。调硫黄浆,把硫黄粉先用少量水调成糊状的硫黄浆,搅拌越匀越好。投放石灰,将熬制石流合剂的锅加足水量,把按比例称量好的生石灰放入铁锅中,然后用火加热;将石灰、硫黄混合。在石灰乳接近沸腾时,把事先调好的硫黄浆自锅边缓缓倒入锅中,边倒边搅拌,并记下水位线。在加热过程中防止溅出的液体烫伤眼睛;大火熬煮。强火煮沸 40~60 分钟,待药液熬至红褐色(暗红色到深褐色)、捞出的渣滓呈黄绿色时停火,其间用热开水补足蒸发的水量至水位线。补足水量应在撤火 15 分钟前进行,之后冷却、过滤及盛装。冷却后过滤出渣滓,得到透明的石硫合剂原液,用波美比重表测量并记录原液的浓度(浓度一般为波美 23°~28°)。尽可能当天熬制当天用,如需隔夜则可使用上口小的涂料桶等容器短时间保存,并在石硫合剂液体表面用一层煤油密封,以防因吸收空气中的水分和二氧化碳而分解失效。

2. 石硫合剂的使用

使用浓度为波美 5 度,使用前必须用波美比重计测量好原液度数,根据所需浓度,计算出加水量加水稀释。每千克石硫合剂原液稀释到目的浓度需加水量的公式:加水量(kg)/每 kg 原液=(原液浓度-目的浓度)÷目的浓度

3. 注意事项

选用适宜的喷雾器械全园喷雾,枝干上下内外喷匀、喷细,不留死角。使用前要充分搅匀,本药不能与大多数怕碱农药混用,也不能与油乳剂、松脂合剂、铜制剂混用。药液接触皮肤应立即用清水冲洗,使用过的器械应洗净。

(二)波尔多液

波尔多液是保护性杀菌剂,喷洒在植物表面形成一层保护膜,防止病菌侵害,它的杀菌谱较广,能用于防治农林、园艺的多种真菌病害。

1. 波尔多液的配制方法

（1）稀释药液。先把配药的总用水量平均分为 2 份，1 份用于溶解硫酸铜，制成硫酸铜水溶液；1 份用于溶解生石灰，可先用少量热水浸泡生石灰让其吸水、充分反应，生成氢氧化钙（成泥状），然后再把配制好的石灰泥，过细箩加入剩余的水中，配制成石灰乳（氢氧化钙水溶液）。两种药液配制完成后不必立即兑制，可在容器内暂时封存，待喷药时现兑现用。配药时把等量两种药液同时徐徐倒入喷雾器内或另一容器内，边倒药液边搅拌，搅匀后随即使用。

（2）配置药液。用 10% 的水配制石灰乳，制成氢氧化钙水溶液，用90% 的水溶解硫酸铜，制成硫酸铜水溶液，两种药液暂时存放备用。喷药时须现配现用，按比例先把 1 份（10%）石灰水溶液倒入喷雾器内或另一容器内，再把 9 份（90%）硫酸铜水溶液徐徐倒入喷雾器中的石灰水溶液中，边倒药液边搅拌，搅拌均匀后随即使用。因为配制波尔多液必须在碱性条件下进行反应，倒药液时，不可搞错次序，必须把硫酸铜水溶液倒入石灰水溶液中，不能把石灰水溶液向硫酸铜水溶液内倒，否则配制的药液会随即沉淀，失效。

2. 波尔多液使用方法

不同种类的作物，在不同的发育阶段，对石灰和硫酸铜的敏感程度不同，须选用不同量式、不同倍数的波尔多液。在枣树上使用须用 200倍石灰倍量式波尔多液。一般在开花以前和果实采收前 1.5 个月（避免污染叶面）不使用，落花以后开始喷洒，每 15~20 天喷 1 次。用1：3：15 倍波尔多液浆涂抹刮治后的病部，可防治枣树腐烂病。

3. 注意事项

一是要选晴天、微风或小风天气喷药，严禁雨天、雾天和湿度较高的阴天喷药，以防药液喷到作物上后，不能及时干燥，引起烧叶现象发生；二是波尔多液不可与石硫合剂等含硫制剂混用，两者在同一作物上使用，须间隔半月以上；三是波尔多液是强碱性药液，不能与在碱性条件下发生反应的药品例如"天达 2116"等混用，以免药品分解、变质失效；四是波尔多液不可与磷酸二氢钾等含磷酸根离子的叶面肥混用，以免铜离子和磷酸根离子发生反应，生成磷酸铜，沉淀失效；五是波尔多液是 1 种胶体溶液，须现用现兑，以免药液配制后，存放时间过长，氢氧化铜沉淀而影响药效；六是喷药时，要做到细致周密，使叶片正反两面、枝梢、果实都均匀着药，以便提高防治效果；七是溶解硫酸铜和存放药液都不可使用铁、铝等金属容器，以免腐蚀损坏。

第九章　采收和采后管理

枣果的采收时间、采收方法不仅直接影响果品的产量和质量,同时还会影响采收后的管理,因此采收及采后管理技术是枣树栽培实用技术的最后一个环节,至关重要,一定要认真加以对待。

一、采收

(一)果实成熟期

枣果在生长发育过程中,其大小、形状、颜色等发生了一系列变化。根据枣果后期生长发育的特点,可将枣果的成熟期主要划分为白熟期、脆熟期和完熟期。白熟期的特点是枣果大小、形状已基本固定,皮绿色减褪,呈绿白色,果实硬度大,果汁少,味略甜。脆熟期的特点是果实半红至全红,果肉绿白色或乳白色,质脆汁少,甜味浓。完熟期的特点是果肉变软,果皮深红、微皱,用手易将果掰开,味甘甜。

(二)采收适期

枣果采收依其用途不同而异。

1. 加工蜜枣、玉枣

在白熟期采收。此期果实体积不再增大,肉质已开始松软,汁少,糖分含量低,加工蜜枣时糖分易浸入,且由于果皮薄,柔韧,加工时不易脱皮,加工的成品质量好。

2. 鲜食或加工乌枣、醉枣

宜在脆熟期采收。此期果实肉脆味甜,清新爽口,适口性最佳,加工的乌枣成品乌光发亮,黑里透红,枣肉紧,不易变形,不脱皮。加工的醉枣色泽鲜红,风味清香。

3. 干制红枣

在完熟期采收。此期果实在生理上已充分成熟,糖分转化基本结束,含糖量高,水分少。此期采收制干率高、干制成品色泽紫红、果肉肥厚,富有弹性,品质好。

(三)采收方法

枣果采收主要采用手摘法、打落法和乙烯利催落法。

1. 手摘法

用于鲜食和做醉枣原料的枣采用手摘法。主要目的是保留枣果美观的外表,尽量减少枣果损伤,进而提高枣果的商品性和耐贮性。采用手摘法应依据枣果的成熟情况,有选择地进行采摘,在同一株枣树上果实成熟情况差异较大时,可进行分期采摘。这样不仅能从整体上提高枣果的质量,同时也会延长鲜枣的供应时间,将较大程度地提高果农的经济收入。

手摘时,用手捏住选好的枣果,然后向上用力将枣果摘掉,最好带果柄,这样既美观又耐贮藏。采摘时不宜向下用力,否则易将果柄弄掉,同时也易造成枣果的损伤,从而影响枣果的外观质量,也会降低枣果的贮藏性能。

2. 木杆打枣

用于制干、加工用的枣果。采用此法时,一般是一次性采完。即用木杆或竹竿先打振大枝,晃落成熟的枣果,收起后再用木杆打振梢部的尚未完全成熟的果实,应分别存放。采用此方法,常造成枝条损伤,有的将枝条打断,有的打破树皮,造成无法愈合的"杆子眼"。同时在打枣的过程中,会将大量的叶片打落,因而对树势影响较大。

3. 乙烯利催落法

为克服木杆打枣的缺点,近年来,许多地区采用乙烯利催落法效果好,可操作性强,易推广。

具体做法是：在枣果正常采收前 5~7 天，全树喷布 200~300 mg/kg 的乙烯利水溶液，喷后第 2 天开始见效，第 4~5 天进入落果高峰，只要摇动枝干，即能催落全部成熟的枣果。

二、贮藏

鲜枣贮藏一般采用简易贮藏法和冷库冷藏法两种。

（一）简易贮藏法

此法适于枣果成熟季节气温较低的北方地区采用。贮藏时，选择耐贮藏的晚熟品种。果皮呈半红的脆熟期的果实贮藏为最佳。成熟度不足，易失水失重，完全红熟，果实生活力低，不耐贮藏。为减少水分蒸发，要选用 0.04 ～ 0.07 mm 厚的聚乙烯薄膜，制成长 70 cm、宽 50 cm 的袋子。每袋装精选鲜枣 15 kg，封扎袋口，放在阴冷棚分层贮藏架上。

（二）冷藏法

此法采用机械制冷的冷藏库冷藏，可使鲜枣贮藏 2 个月以上。枣果采收后，应尽快精选，装袋入冷藏库贮藏。果实精选和装袋方法与简易法相同。如果贮藏量较大，要采取喷水降温或浸水降温等办法进行预冷，然后再入冷藏库。冷库贮藏温度必须稳定在（0±1）℃，相对湿度维持在 90%~95%，二氧化碳不得高于 5%，库内适时通风换气，塑料袋扎口要松些或袋扎适当数量的小孔。

三、红枣加工（制干方法）

主要有晾干法、晒干法、烘干机干燥法。

（一）晾干法

将鲜枣摊晾在阴凉干燥通风的地方，每隔 1~3 天翻动 1 次，使枣逐渐散失水分而成为干枣。此法适用于采收期阴雨天多的地区和果肉薄而质地粗松的品种。此法制得的红枣色泽鲜艳,外形比较饱满,皱纹少而浅,比较美观。

(二)晒干法

选干燥、平坦、通风的地方设置晒场,用高粱秆铺在砖上,支离地面 20 cm 左右,作为枣铺。将枣铺成高低瓦垄状,均匀地摊放在枣铺上暴晒,厚度 6~10 cm,每隔 1 小时左右翻动 1 次,使上下干燥均匀。夜间堆集在铺中间,用席盖好,以防露水和雨水。若天气晴朗,10 来天即可晒成。或在晾晒前将枣果用开水浸烫一下。具体做法:先将枣打下,进行筛选分类后,将枣果装入竹筐或铁丝筐中,放在沸水中热烫1~2 分钟,然后取出立即用冷水冷却,热烫宜在天气晴朗时进行,热烫后必须立即干燥,否则易霉变、腐烂。浸烫时间不宜太长,否则将无法保持果皮果肉生鲜的状态。浸泡的主要目的是煮杀病菌,以防止晒干过程中出现枣果浆烂。为达到上述双重目的,在浸烫时,烫煮用的锅要大,容水量多;每次烫煮的枣果量要少,这样枣入锅后水温仍能保持在95℃左右,能起到很好的杀菌作用。烫煮完成之后,应当马上进行风干,然后放入晒床上暴晒,并且要注意经常翻动,夜间盖好透气防露水的苇席,约需 15 天即可晒成红枣,晒床的设置与前者等同。

(三)烘干法

是目前枣制干方面的新技术。比自然晾晒有很多优点:烘干枣的重量百分率提高,浆烂果率下降,红枣商品等级和商品价值提高。

1. 烘干房烘干

烘干房结构为砖混凝土式土木结构。一般为长方形,长度为 6 m,宽度为 3.4 m,高度为 2.5 m(均指净内径)。烘房高度不超过 2.5 m,以便使烘房内上下部均衡温度,提高制干效果,同时也便于倒换烘盘、观察温度等管理工作。烘房的前后山墙、两边侧墙均用砖砌成,厚

37 cm,房顶筑成平顶式,地平面下设计升温设备,包括烧火坑、灰门灰坑、炉膛、爬火道、主火道、墙火道、烟道等,采用燃煤对烘房进行立体升温,使烘房内升温快,保温效果好,而且炉火燃烧充分,耗煤量也降低。一般烘房温度控制在 55℃~65℃,枣体温度不超过 50℃。烘干过程中要注意烘房内的通风排湿工作。一般每间烘房日加工量为 2500 kg,烘干时间为 24~36 小时。烘干结束后,对烘干后的干枣立即进行通风散热 3~5 天,然后再经过 15~20 天的堆放处理,使枣内外水分互相均衡,质地柔软时即可装箱,合理贮藏。

2. 机器烘干法

一般在以煤等为原料的专用烤房内或专用烘烤设备(活动烤房)内将枣烘干。该设备由密闭升温箱体、通风排湿管道和装载架等几部分组成。将鲜枣按大小、成熟度进行分级,拣出烂枣,分别装盘上架。装盘上架后,关闭门和排气筒,开始烘烤。根据烘干设备的大小,一般烘烤 15~16 小时,可烘干 500~1000 kg 枣。根据天津静海的经验,烘干温度保持在 35℃~40℃,超过 40℃枣容易烤糊、烤焦。烘烤 1 kg 需 0.2 元的成本。枣烘干设备一般每套 2 万元至 5 万元不等,设备投资较小、操作简单,可迅速降低枣果含水量,杀死果实表面病菌,缩短红枣干制时间,并能提早进入市场。鲜枣机械化烘干技术的引进,可解决红枣晒干过程中遇雨枣果浆烂,损失严重的问题,极大地提高了产品优质率和经济价值,实现了红枣提质增效、农民增收的目的。

图 9-1 枣烘干机内部结构(见彩插)

四、包装、标志、运输和贮存

(一)包装

良好的包装可以保证产品的安全运输和贮藏,减少产品间的摩擦、碰撞和挤压,减少病虫害的蔓延和水分蒸发。无公害鲜枣外包装应坚固、干净、无污染、无异味。包装材料可用瓦楞纸箱(其技术要求应符合GB/T 13607 的规定)、塑料箱和保温泡沫箱。外包装大小根据需要确定,一般不宜超过 10 kg;内包装材料要求清洁、无毒、无污染、无异味、透明、有一定的通气性,不会对枣果造成伤害和污染。包装容器内不得有枝、叶、沙、石、尘土及其他异物。销售包装应选透明薄膜袋、带孔塑料袋或网袋,也可放在塑料或纸托盘上,再箍以透明薄膜,既能创造一个保水保鲜的小环境,延长货架期,又能使商品更美观,更吸引顾客。运输包装应尽量采用纸箱,因为纸箱软且有弹性,也有一定的强度,可抵抗外来冲击和振动,包装材料可用瓦楞纸箱、塑料箱和保温泡沫箱。做蜜枣用的鲜枣只用外包装,包装材料可用编织袋、布袋、尼龙网袋和果框等大容器。

(二)标志

在包装上打印或系挂标签卡,表明产品名称、等级、净重、产地、包装日期、包装者或代号、生产单位等。已注册商标的产品,可注明品牌名称及标志,已通过三品认证的产品可在包装或产品上贴上三品认证标志,严禁将三品认证标志印在包装上。同一批货物,其包装标志应统一。做蜜枣用的鲜枣标志可以适当简化。

(三)运输

鲜枣运输应以公路和航空为主。运输应采用冷藏库或冷藏集装箱,鲜枣呼吸旺盛,易失水,如果运距较远,又要节约成本,可采用节能保温运输的方式：先将产品预冷到一定低温或经冷藏后，用普通卡车在常温下运输。运输工具应清洁卫生、无异味，不与有毒、有害物品混运。装卸时轻拿轻放，防止挤压、磕碰，造成果实损伤。鲜枣做蜜枣用时，在不影响加工蜜枣品质的情况下可常温运输。

（四）贮存

应在冷库或气调低温 [（0±1）℃] 贮存。不与有毒、有害物品混合存放，不与其他易释放乙烯的果品如苹果等混放。贮存时需注明贮存期限。贮存过程中要定期检查，以防发生失水、腐烂等现象。鲜枣做蜜枣用时，在不影响加工蜜枣品质的情况下可常温短期贮存。

附录一 枣树常见病虫害无公害 防治技术简表

防治对象	防治适期	防治方法
枣锈病	萌芽前 6月下旬至8月中下旬	1. 清除落叶,集中深埋或烧毁 2. 建议用(1:2:200)波尔多液、粉锈宁、退菌特等
枣缩果病	萌芽前 果实白熟期	1. 加强枣园管理,壮树抗病 2. 选择抗病品种 3. 加强对刺吸式口器害虫的防治 4. 建议用石硫合剂、多菌灵、代森锌、多抗霉素、农用链霉素、琥珀酸铜等
枣炭疽病	萌芽前,花前 6月下旬至8月中下旬	1. 清洁果园,加强肥水管理,增施有机肥 2. 建议用石硫合剂、代森锌、多菌灵、百菌清、波尔多液等
枣疯病	枣树生长期	1. 加强苗木检疫,避免接穗和苗木带菌 2. 选择抗病品种 3. 加强肥水管理,壮树抗病 4. 对发病树注射四环素、土霉素等药物
绿盲蝽象	冬春 4月中下旬至8月下旬	1. 树干涂抹黏虫胶环,阻止害虫上树为害 2. 冬春结合冬剪剪除病残橛,带出枣园烧毁 3. 5、6月铲除树下杂草,切断落地害虫食源 4. 建议用石硫合剂、吡虫啉、乙酰甲胺磷、辛硫磷、高效氯氰菊酯等
红蜘蛛类	秋末和早春 麦收前后 7月中旬至8月中下旬	1. 刮树皮、绑草把消灭越冬成虫 2. 出蛰期树干涂油环防治越冬成虫上树 3. 利用天敌捕杀红蜘蛛 4. 建议用石硫合剂、菊酯类、哒螨灵、阿维菌素等

防治对象	防治适期	防治方法
桃小食心虫	秋末和早春 麦收前后 6月下旬和8月中下旬	1. 土壤结冻前,翻开距树干约50 cm、深10 cm的表土,撒于地表,使虫茧受冻而死 2. 拾虫蛀落果,深埋或煮熟作为饲料 3. 5月下旬至6月中下旬地面撒药或喷药,杀死出土幼虫 4. 建议用灭幼脲3号、溴氰菊酯、吡虫啉、乙酰甲胺磷等
枣尺蠖	萌芽期 花前	1. 保护天敌,如枣尺蠖肿跗蜂、寄生蝇、家蚕追寄蝇 2. 秋季或早春挖蛹 3. 3月上旬树干绑裙:在树干距地面20~25cm处绑宽15 cm的塑料薄膜,阻止雌虫上树,并每天灭除 4. 建议用灭幼脲3号、菊酯类农药等
食芽象甲	4月中下旬-5月中下旬	1. 树下挖环形沟,撒药毒杀出土成虫 2. 树干涂机油环,阻杀下树老熟幼虫 3. 利用假死性振落捕杀 4. 建议用乙酰甲胺磷、毒死稗、菊酯类农药等
枣龟蜡蚧	秋末和早春 6月下旬至7月上旬	1. 结合冬剪剪去带虫枝条 2. 用适宜工具抹除虫体 3. 建议用石硫合剂、乙酰甲胺磷、吡虫啉、菊酯类农药等

附录二 枣树主要病虫害无公害周年防治技术简表

时期		措施	防治对象		说明
			主治	兼治	
3月	中旬前	刮树皮、堵树洞、锯除干枝橛	红蜘蛛、枣黏虫、枣粉蚧、枣实虫、六星吉丁虫	棕边绿刺蛾、甲口虫	1. 用刮皮挠或镰刀将枝杈、树干翘皮刮除，刮平，不露嫩皮 2. 选无风天刮皮，地面铺塑料布等物，收集刮掉的越冬虫体、虫茧，深埋或烧掉
		摘刺蛾茧	黄刺蛾、黑纹白刺蛾		保护天敌：摘黄刺蛾茧放于饲育笼内，让其天敌（上海青蜂）羽化钻出飞回田间，黄刺蛾成虫则可消灭掉
		挖茧、蛹：翻挖树干周围1m、深10cm的表土	枣步曲、桃天蛾、桃小、扁刺蛾、枣刺蛾、褐缘绿刺蛾	棕边绿刺蛾、食芽象甲、枣瘿蚊	拣拾蛹、茧，集中深埋
	上中旬	树干基部： 1. 缠塑料条 2. 草绳灭卵 3. 抹黏油带	枣步曲	食芽象甲	1. 塑料条宽6 cm，钉于树干距地面30~60 cm的平滑处，防止雌蛾钻出孔隙上树交配、产卵。每天早、晚捉蛾，到4月下旬止 2. 塑料条下缠草绳的可以不捉蛾，每半月换一次草绳，烧掉即可 3. 黏油配方：蓖麻油1份＋松香1份＋石蜡0.2份

时期		措施	防治对象		说明
			主治	兼治	
3月	中下旬	结合修剪,剪除虫枝,刷除虫体	蚱蝉、梨园蚧、枣龟腊蚧、六星黑点蠹蛾		收集烧毁
		喷布3°~5°石硫合剂	红蜘蛛、梨园蚧、枣叶壁虱、枣粉蚧		细致喷匀枝条、树干
4月		1.捉枣尺蠖雌蛾 2.黑光灯诱杀枣黏虫成虫	枣尺蠖、枣黏虫		
5月	上中旬	树上喷药选择下列药剂:2.5%溴氰菊酯2 000倍、50%DDV800倍、20%速灭杀丁2 000倍、50%辛硫磷800倍、10%氯氰菊酯1500倍	枣尺蠖、枣黏虫、枣瘿蚊、枣叶壁虱、绿盲蝽象	食芽象甲大灰象甲枣小尺蠖	1.5月上旬、中旬各喷药1次 2.括号内为除治枣黏虫用药稀释倍数,其他用药稀释倍数相同
	下旬	树上喷药,30%乙酰甲胺磷600倍	梨园蚧	枣叶壁虱、绿盲蝽象	
		1.摘黏虫苞(茧) 2.拿尺蠖 3.黑光灯诱杀刺蛾成虫	枣黏虫、枣步曲、黄刺蛾成虫		

续表

时期		措施	防治对象		说明
			主治	兼治	
6 月	上旬	地面撒粉：25% 的辛硫磷 100 克 / 株	桃小食心虫		每 10 天 1 次，共 3 次，用耙搂匀，混于表土中
		树上喷药：20% 的哒螨灵 2000 倍，1.8% 的阿维菌素 4000 倍，25% 的灭幼脲 3 号 2000 倍，20% 的扫灭利 2000 倍	红蜘蛛	梨园蚧、枣粉蚧、绿盲蝽象	麦收前是防治红蜘蛛关键时期，上年度红蜘蛛发生地块务须及时喷药
		甲口抹药：30% 的乙酰甲胺磷、25% 的辛硫磷、50% 敌敌畏等稀释 50 倍（选用一种）。开甲后抹药，共 3 次，每次间隔 5 天	甲口虫		
	中旬	树上喷药 80% 的敌敌畏 1000 倍；20% 的速灭杀丁 2000 倍；30% 的乙酰甲胺磷 600 倍；25% 的灭幼脲 3 号 2000 倍	枣龟腊蚧	枣叶壁虱、大灰象甲、枣实虫、枣小尺蠖、草地螟	桃小性诱器 6 月中旬挂于田间，开始观察
7 月	中下旬	波尔多液 + 下列之一药剂：20% 的速灭杀丁 2000 倍；25% 的辛硫磷 600 倍；25% 的粉锈宁 1000 倍；20% 的灭扫利 2000 倍；25% 的灭幼脲 3 号 2000 倍	枣锈病 桃小食心虫	红蜘蛛、枣黏虫、刺蛾枣龟蜡蚧、桃天蛾（二代幼虫）	波尔多液配好后再加其他药剂并立即喷布；桃小雄蛾诱捕量高峰后 5~7 天为喷药适期

时期		措施	防治对象		说明
			主治	兼治	
8月	上旬	拾落风枣（桃小虫果）	桃小食心虫		落风枣集中深埋或煮熟做饲料
	中旬	树上喷药:同七月	枣锈病、桃小食心虫	刺蛾、枣黏虫、红蜘蛛、草地螟	
	下旬	捡拾虫果、杀脱果桃小幼虫;树干绑草把			绑于树干分杈处,草厚3 cm以上,树干围1周
9月 10月		杀脱果桃小幼虫;清扫枣锈病落叶	桃小食心虫、枣黏虫		
11月		1.解下草把烧毁 2.清扫枣锈病落叶 3.刨疯树、疯蘖	枣黏虫、枣锈病、枣疯病		

附录三 无公害农产品 枣树栽培管理技术规范 (DB12/256-2005)

1. 范围

本标准规定了天津市无公害农产品枣树栽培管理的术语和定义、要求、栽培技术以及采收、贮存技术。

本标准适用于天津市行政区域内符合无公害枣树的栽培管理。

2. 规范性引用文件

下列文件中的条款通过本标准的引用而成为标准的条款。所示版本均为有效。凡是注明日期的引用文件,其随后所有的修改单(不包括勘误的内容)或修订版不适用于本标准,然而,鼓励根据本标准达成协议的各方研究,是否可使用这些文件的最新版本。凡不注日期的引用文件,其最新版本适用于本标准。

GB/T 4285 农药安全使用标准

GB/T 8321.1-6 农药合理使用准则(一)-(六)

GB/T 18407.2-2001 无公害水果产地环境要求

NY/T 496-2002 肥料合理使用标准

NY/T 5012-2002 无公害食品 苹果生产技术规程

3. 术语和定义

下列术语和定义适用于本标准。

3.1 枣头:Date head

即发育枝,俗称"滑条",是由顶芽萌发而成的。

3.2 二次枝:Two each

是枣头上的副芽萌发形成的永久性的枝条。

3.3 枣股：Date burst

是由二次枝上的主芽发育而成的短缩性的结果母枝。

3.4 枣吊：The date hanging

是由枣股副芽萌发的脱落性的结果枝。

3.5 开甲：Open first

即主干环状剥皮。

3.6 白熟期：Familiar one in vain

是指枣果的皮绿色减退，呈绿白色或乳白色的发育时期。

3.7 脆熟期：Fragile familiar one

是指枣果开始着色至全部着色的发育时期。

3.8 完熟期：Finish for familiar period

是指枣果的果皮红色加深，果肉开始变软，近核处果肉变成黄褐色的发育时期。

4. 要求

4.1 环境条件

应符合 GB/T 18047.2-2001 和 NY/T 5012-2002 的要求。

4.1.1 灌溉水质量

灌溉水质量指标应符合表 1 的要求。

表 1 无公害农产品　枣树栽培农田灌溉水质量指标

项目	指标
氯化物（mg/L）	≤ 250
氯化物（mg/L）	≤ 3.0
总汞（mg/L）	≤ 0.001
总砷（mg/L）	≤ 0.1
总铅（mg/L）	≤ 0.1
总镉（mg/L）	≤ 0.005
铬（六价）（mg/L）	≤ 0.1
pH 值	≤ 5.5~8.5

4.1.2　土壤条件

选择轻壤质黏潮土(含盐量≤ 0.3%)生长最好,其他不宜土壤可改良后栽植。

无公害农产品 金丝小枣产地应选择在生态环境良好,无或不受污染源影响或污染物限量控制在容许范围内的农业生产区域。

土壤质量指标应符合表 2 要求。

表 2　无公害农产品　枣树栽培土壤质量指标

项目	pH 6.5	pH 6.5~7.5	pH 7.5
总汞	≤ 0.30	≤ 0.50	≤ 1.0
总铅	≤ 250	≤ 300	≤ 350
总镉	≤ 0.30	≤ 0.30	≤ 0.60
总铬	≤ 150	≤ 200	≤ 250
总砷	≤ 40	≤ 30	≤ 25

4.2　肥料使用

肥料使用原则应符合 NY/T 496-2002 的规定。

4.3　农药使用

农药使用原则应符合 GB/T 4285 农药安全使用标准和 GB/T 8321.1-6 农药合理使用准则的规定。

5. 栽培技术

5.1　栽植技术

5.1.1　定栽植技术

小冠密植,栽植行向以南北向为宜。

5.1.2　栽植密度

枣园株行距 2 m×3 m 或 3 m×4 m,每亩 667 m² 定植 55~111 株。留作业道。

5.1.3 栽植时间

春栽为宜，以土壤解冻至枣树萌芽为宜。在萌芽期栽植最好。

5.1.4 栽植方法

挖长、宽、深为 80cm×80cm×80cm 的定植坑，表土、底土分放，用表土拌有机肥做底，采取三埋两踩一提苗的方法进行栽植。

5.1.5 苗木选择及处理

选择大苗壮苗，栽前苗木要进行整理，留 80 cm 定干，并将全部的二次枝留 1 cm 剪除，对过长或伤根进行剪除，苗木根系要吸足水分，用 ABT 生根粉 3 号 50 mg/L 蘸根后栽植。

5.1.6 浇水覆膜

苗木栽植后要立即灌一次透水，水渗后进行覆膜保墒。

5.2 整形修剪技术

5.2.1 树形

以小冠分层形为主，分两层，第一层 3~4 个主枝，第二层 2 个主枝，层间距 80 cm，定干高度为 80cm，全树主枝 5~6 个，第一层主枝上配置大中型结果枝组，第二层主枝配置中小型结果枝组。

5.2.2 整形技术

定干之后于 60~80 cm 之间选留 4~5 个新枣头，下部的全部抹除，第一枝为中心干，余下的 3~4 个位第一层主枝，待中心干长到 1 m 以上之后，将其留 1 m 左右剪干，并将剪口下方位较好的两个二次枝剪除，以后将其培养成为第二层主枝。

幼树修剪应注意培养好树形，在保证各骨干枝健壮生长的同时，要充分利用骨干枝上的二次枝培养成结果枝组，促进早期丰产。盛果期树修剪要保证树势健壮，各类结果枝组健壮，并保证各主枝外围枝头生长量在 30 cm 左右，要及时疏去影响光照的重叠枝、交叉枝、并生枝、徒长枝、病虫枝及细弱无效枝，以保证树体通风透光，以利坐果和果实生长。

刮树皮也作为冬剪的一项内容。刮掉老皮有利于树皮更新，要将刮下的树皮集中烧毁,消灭越冬害虫和病菌。

5.2.3 夏季修剪

将新生枣头留 2~4 节摘心,采取抹芽、疏枝、拉枝、除萌蘖、环刻、环剥等项措施。

摘心的原则是,有发展空间的应轻摘心,无发展空间的应重摘心,幼树用于培养主枝的枣头可以不摘心或轻摘心。

5.3 土壤管理

5.3.1 中耕除草

实行枣粮、枣经、枣草间作的枣园的树行或密植园全园,在浇水、雨后及伏天杂草丛生时,应及时进行中耕除草,中耕深度为 5 cm。

5.3.2 枣园覆草

密植枣园应全园覆草,间作园应对树行进行覆草,覆草时间应在春季施肥浇水之后进行,覆草厚度为 15~20 cm。覆草种类主要是麦秸和杂草。

5.3.3 间作绿肥

常用的绿肥植物有:黑豆、绿豆、田菁、草木樨、紫花苜蓿等。在绿肥植物的花期进行翻压。

5.3.4 耕翻土壤

对采用清耕法的枣园,于早春或深秋进行土壤翻耕,深度为 20~30 cm。

5.4 施肥

5.4.1 施肥种类

优质有机肥、速效氮、磷、钾、枣树专用肥。

5.4.2 施肥时间

施基肥在秋季采果后,翌年春季发芽前进行,以秋季为宜,基肥以有机肥为主,圈肥需经发酵后配合专用肥施入。施肥时间以 9 月下旬至 10 月上旬为宜。追肥在枣树萌芽前(4 月中旬)、开花前(5 月下旬)、幼果期(7 月上旬)进行,前期追肥以氮、磷肥为主,中期以氮、磷、钾平衡施入,后期以磷钾肥为主。

5.4.3 施肥量

施肥量根据树龄、树势、土壤及坐果情况综合考虑,一般要求每生产 100kg 鲜枣施肥量折合纯氮 2 kg、磷 1.2 kg、钾 1.6 kg。为提高果实品质要增加有机肥的使用量,要求 1 kg 鲜枣施有机肥 1~1.5 kg。

5.4.4 施肥方法

基肥以沟施为主,沟深在 40~60cm,追肥可采用多穴施,穴深 20 cm 左右。根外叶面追肥在 6 月份以前喷 0.3% 尿素 1~2 次。6 月份以后喷 0.3% 尿素加 0.3% 磷酸二氢钾 2~3 次。

5.5 浇水

5.5.1 浇水时间

全年浇水四次,第一次在枣树萌芽期浇水,第二次在枣树开花前,第三次在 7 月上旬幼果膨大期进行,第四次在枣果采收后或结合秋季施肥灌封冻水一次。

5.5.2 排水

7 月下旬至 8 月底,如降雨过于集中,应及时排水。

5.6 花期管理

5.6.1 摘心

于枣树开花前,一般为 5 月下旬,对全部枣头进行摘心,一般骨干枝的摘心强度以轻为主,其他部位的枣头摘心的强度相对重些。另外,除对枣头摘心外,应对摘心处的枣头二次枝进行摘心。

5.6.2 开甲

枣树花开放量达 25%~35% 时进行,甲口宽为 0.8~1 cm,甲口整齐,宽窄一致,最后将甲口内皮剔除干净。

开甲后,于甲口处涂抹药泥或用封箱带封好,防止病虫危害。甲口愈合以 20 天为宜,过早愈合,坐果效果不好。一个月后不愈合可用 50 mg/L 的赤霉素涂抹甲口然后缠绕塑料带以促愈合。

5.6.3　喷施营养液和植物生长调节剂

花期(花开放量达到 60% 时)喷清水、喷 0.3% 尿素液、喷 0.1% 硼沙加 15 mg/L 赤霉素溶液,可明显提高坐果率。

5.6.4　枣园放蜂

金丝小枣树是典型的蜂媒花,蜜蜂能为枣树传播花粉。一般要求每 667m² 枣园配一箱蜜蜂,并且放置的离枣园越近效果越好。

5.7　病虫害防治措施

5.7.1　防治原则

坚持"预防为主,综合防治"的植保方针,科学运用农业和生物防治技术。

5.7.2　主要病害防治技术

枣锈:该病为天津地区的主要病害之一,严重时可造成大量落叶,致使果实不能正常成熟。防治放法:清除初侵染源,晚秋清除落叶,集中烧毁。合理修剪,使树体通风透光,雨季及时排水。药物防治:7月上中旬喷 1 次 1:2:240 倍的波尔多液或粉锈宁可湿粉 800 倍液。发病重的年份,8 月份再喷一次上述的农药即可。

炭疽病:防治时首先是认真搞好整形修剪工作,使树体通风透光,药物防治时于病发前或发病期(7 月下旬至 8 月下旬)每隔 20 天喷 2次 1:2:240 倍的波尔多液或 75% 的甲基托布津 1000 倍液。

缩果病:防治时首先要加强对果实虫害(叶蝉、龟蜡蚧、桃小食心虫)的防治,减少果面的虫口密度,其次是彻底清除园内的病虫果和烂果,然后集中烧毁,以减少病源。加强整形修剪工作,使树体通风透光。药物防治时于 7 月底至 8 月间,隔 15~20 天喷 2 次,可用药物为 50%枣缩果宁 1 号粉剂 600 倍液。

5.7.3　主要虫害防治技术

桃小食心虫:挖茧或扬土灭茧消灭越冬成虫。拣拾落果或脱果幼虫,药物防治,地面喷洒 25% 辛硫磷胶囊,并浅耕一次,树上防治应利用性外激素诱杀雄成虫,并可依据出土高峰确定喷药时间,常用药物为

2000 倍的灭幼脲或 2000 倍的灭扫利。

红蜘蛛:秋末早春刮树皮,翻刨树盘,消灭越冬螨,发芽前树体喷布 3°~5° 的石硫合剂。5~6 月当虫口密度达到平均每叶 0.5 头时喷 20% 哒螨灵 2000 倍液或灭扫利 2000 倍液。

龟蜡蚧:冬季结合冬剪剪除固着在枝条上的越冬雌成虫,或用刷子、木片等物将成虫刮掉。杀死越冬成虫。在孵化盛期喷施速扑蚧杀 2000 倍液或灭扫利 2000 倍液。

绿盲蝽象:秋冬季节消除枣园和四周的杂草翻刨土壤,消灭越冬虫卵。早春越冬卵孵化后,对枣园间作物和杂草喷药防治,枣树发芽期至开花以前应注意树上喷药防治,常用的药物为 2000 倍的灭扫利。

5.7.4 禁止使用的农药应符合附录 A 的规定。

5.7.5 常用农药品种及使用方法应符合附录 B 的规定。

6. 采收和包装技术

6.1 采收技术

6.1.1 采收时期

依据枣果的用途确定最佳的采摘期,做蜜枣的应在白熟期采摘;鲜食及需要贮存的应在脆熟期采摘;制干枣的应在完熟期采摘。

6.1.2 采摘方法

依据枣果的特性和用途确定最佳的采摘方法,需要贮藏的枣果,一定要人工手摘,并且尽量使枣果带着果柄,做蜜枣或干制红枣可用打枣的方法。

6.2 包装技术

6.2.1 鲜食枣果包装技术

依据鲜枣是否需要贮存来确定包装,如需贮藏的应用可装 2.5~5 kg 的塑料包装箱,如不需贮藏可用能装 2.5~5 kg 的纸箱或纸袋。

6.2.2 制干枣果的包装技术

枣果干制之后,用装 25 kg 的竹筐进行包装。

7. 贮藏技术

7.1 鲜食枣的冷藏保鲜技术

通常采用恒温库存贮,入库前用 2% 的氯化钙水溶液浸泡 5~10 分钟,捞出晾干后包装。贮存条件:库内温度 0℃左右,相对湿度 95% 以上。

7.2 制干枣果的贮存技术

人工打枣之后放在用高粱杆编成的秸秆箱架成的晒床上进行晾晒,厚度 3~5 cm,晾晒 5 天后将厚度增到 10~15 cm,再晾晒 10 天左右。干制好的红枣一般含水量在 25% 左右为佳。

附表A

（规范性附录）

禁止使用的农药类型

表 A 禁止使用的农药类型

农药类型	名称	禁用原因
无极砷	砷酸钙、砷酸铅	高毒
有机砷	甲基胂酸锌、甲基胂酸铁锌、福美甲胂、福美胂	高残留
有机锡	三苯基氯化锡、毒菌锡、氯化锡	高残留
有机汞	氯化乙基汞、醋酸苯汞	剧毒、高残留
有机杂环类	敌枯双	致畸
氟制剂	氟化钙、氟化钠、氟乙酸钠、氟乙酰胺、氟铝酸钠	剧毒、高毒、易药害
有机氯	DDT、六六六、林丹、艾氏剂、狄氏剂、五氯酚钠、氯丹	高残留
卤代烷类	二溴乙烷、二溴氯丙烷	致癌、致畸
有机磷	甲拌磷、乙拌磷、治螟磷、蝇毒磷、磷胺、内吸磷、甲胺磷、对硫磷、久效磷	高毒
氨基甲酸酯	涕灭威	高毒

农药类型	名称	禁用原因
二甲基脒类	杀虫脒	致癌
取代苯类	五氯硝基苯、苯菌灵	有致癌报道或二次毒性
二苯醚类	除草醚、草枯醚	慢性毒性
磺酰脲类	甲磺隆、氯磺隆	对间作物有影响

附表 B

（规范性附录）

常用农药品种及使用方法

表 B　常用农药品种及使用方法

农药名称	稀释倍数	最多使用次数	安全间隔
哒螨灵	2000	2	25 天
灭扫利	2000	2	30 天
吡虫啉	1500	2	20 天
尼索朗	2000	1	
阿维菌素	9000	2	30 天
灭幼脲	2000	1	
齐螨素	2000	1	
波尔多液	1:2:240	2	30 天
粉锈宁	800	2	30 天
枣缩果宁	600	2	15 天
甲基托布津	1000	1	
速扑蚧杀	2000	1	

参考文献

[1] 曲泽洲,王永惠.中国果树志(枣卷).北京:中国林业出版社,1993.

[2] 河北农业大学.果树栽培学各论(北方本)下册.北京:农业出版社,1983.

[3] 北京市林业局.北京果树栽培技术手册.北京:北京出版社,1984.

[4] 张铁强.枣树无公害栽培技术问答.北京:中国农业大学出版社,2009.

[5] 武之新,武婷.冬枣优质丰产栽培技术.北京:金盾出版社,2008.

[6] 温素卿.绿盲蝽象在枣树上的发生及防治.安徽农业科学,2010,38(24):13229-13230.

[7] 刘静,李湘利.实用枣树丰产栽培技术.四川农业科技,2007(2):30-31.

[8] 陈恢彪.干旱地区枣树直播建园栽培技术.山西林业科技,2009,38(2):31-32.

[9] 张梅荣.如何提高枣树栽植成活率.宁夏农林科技,2009(1):80.

[10] 张艳.枣树管理技术.现代农业科技,2010(23):150.

[11] 李占林,刘晓红,王新河.枣树害虫的发生与无公害防治技术.新疆林业,2008(2):41-42.

[12] 罗永平,敬义,等.枣树优质丰产栽培技术问答.济南:山东科学技术出版社,1998.

[13] 毛永民.枣树高效栽培111问.北京:中国农业出版社,1999.

[14] 王芝学. 枣栽培实用技术. 天津: 天津科技翻译出版有限公司, 2011.

[15] 刘新录. 无公害农产品管理与技术. 北京: 中国农业出版社, 2014.